老一辈革命家和
先进模范人物好家风故事集

中共中央党史和文献研究院 编

中央文献出版社

图书在版编目(CIP)数据

老一辈革命家和先进模范人物好家风故事集／中共中央党史和文献研究院编．—北京：中央文献出版社，2020.7

ISBN 978-7-5073-4762-3

Ⅰ.①老… Ⅱ.①中… Ⅲ.①家庭道德-中国-通俗读物 Ⅳ.①B823.1-49

中国版本图书馆 CIP 数据核字(2020)第 136294 号

老一辈革命家和先进模范人物好家风故事集

LAOYIBEI GEMINGJIA HE XIANJIN MOFAN RENWU HAOJIAFENG GUSHIJI

中共中央党史和文献研究院 编

中央文献出版社　出版发行

http://www.zywxpress.com

北京市西城区前毛家湾 1 号　邮编：100017

电话：010-83089394／83072509／83072511

北京盛通印刷股份有限公司印刷

787 毫米×1092 毫米　16 开本　21.25 印张　268 千字
2020 年 8 月第 1 版　2020 年 8 月第 1 次印刷

ISBN 978-7-5073-4762-3　　　定价：65.00 元

本社版图书如有印装错误可随时退换
（电话：13601084124／13811637459）

出 版 说 明

　　家庭是社会的基本细胞，千千万万个家庭的家风好，子女教育得好，社会风气好才有基础。党的十八大以来，习近平总书记反复强调，家风好，就能家道兴盛、和顺美满；家风差，难免殃及子孙、贻害社会。不论时代发生多大变化，不论生活格局发生多大变化，我们都要重视家庭建设，注重家庭、注重家教、注重家风。在培育良好家风方面，老一辈革命家和先进模范人物为我们作出了榜样，各级领导干部特别是高级干部要把家风建设摆在重要位置，继承和弘扬中华优秀传统文化，继承和弘扬革命前辈的红色家风，做家庭建设的表率，把修身、齐家落到实处。

　　为贯彻落实习近平总书记重要讲话精神，在中央和国家机关工委的指导下，我们编写了《老一辈革命家和先进模范人物好家风故事集》，选取毛泽东等三十多位老一辈革命家和马永顺等二十多位先进模范人物的家风故事，供广大干部群众学习使用。

中共中央党史和文献研究院
二〇二〇年七月

目 录

毛泽东：火炉边的家庭会议 1
毛泽东："不能只解决自己一家的困难" 4
毛泽东：亲戚也不能特殊 7
毛泽东："补上劳动大学这一课" 10
毛泽东："还是各守本分的好" 13
毛泽东："好好学习" 16
毛泽东和毛岸英：向裙带恶习同声说"不" 19
毛泽东：生活开支账本 21
周恩来：十条家规 24
周恩来："我可以尽一个晚辈的义务和孝心了" 27
周恩来："到祖国最需要的地方去" 29
周恩来："三代裤"、"金银饭"、国产表、旧衣服 32
周恩来："要求别人做到的，自己首先要做到，
　　　　　不能有丝毫的特殊" 34
刘少奇："不能因为你是国家主席的亲戚，
　　　　　就可以搞特殊！" 37
刘少奇："你们在乡下种田吃饭，那就是我的光荣" 40
刘少奇："不要因为是我的孩子，就迁就他们" 43
刘少奇："对于小孩子，一是要管，二是要放" 46
刘少奇："这是我家的钱柜" 49
朱　德：大家庭里的大家长 52

朱　德："勤俭建国，勤俭持家，勤俭办一切事业" 55
朱　德："我不要孝子贤孙，要的是革命事业的接班人" 58
朱　德：搞特殊化是"万万要不得"的 61
朱　德：别开生面的家庭集体学习 64
邓小平："家庭是个好东西" 67
邓小平："到了北京以后是'脚掌'" 70
邓小平："国家越发展，越要抓艰苦创业" 73
邓小平：教育后代履行社会责任 76
邓小平和卓琳：志同道合的革命伴侣 79
陈　云："千万不可以革命功臣的子弟自居" 82
陈　云："国家机密我怎么可以在家里随便讲？" 85
陈　云："红色掌柜"的简朴生活 88
陈　云：家庭学习小组 90
陈　云：教育子女注重调查研究 93
任弼时："常念大人奔走一世之劳" 96
任弼时：对子女不溺爱，更不骄纵 99
任弼时："我还想和你商量一下，然后我们再作决定" 102
任弼时：用革命情怀影响和教育亲属 105
任弼时："三怕"家风 107
李大钊："自有真实简朴之生活" 110
李大钊："以求真的态度作踏实的工夫" 113
蔡和森：三代同堂求学的可嘉"奇志" 116
蔡和森："干革命，哪里需要就去哪里" 119
方志敏：清贫是革命者"能够战胜许多困难的地方" 122
方志敏：半条旧毛毯与一枚新印章 125
董必武："做人要有规矩" 128

董必武："鼓足劲头持久战，青春不再莫蹉跎"	131
林伯渠："革命的路要自己一步一步地走"	134
林伯渠："要和老百姓打成一片"	137
徐特立："我假如丢弃了她，岂不又增加了一个受苦难的妇女？"	140
徐特立："希望你真能继承我的革命事业"	143
谢觉哉："从艰苦的过程中，得出隽永的味道"	146
谢觉哉："你们是共产党人的子女，不许有特权思想"	149
吴玉章："最主要的应该是爱和严相结合"	151
吴玉章："我何敢以儿女私情，松懈我救国救民的神圣责任"	154
彭德怀："我要对人民负责任"	157
彭德怀：要留清白在人间	160
刘伯承："唱戏要靠真本事"	163
刘伯承："廉隅的品行，要靠平时俭朴的生活养成"	166
贺　龙：从革命前辈身上吸取前行的力量	169
贺　龙：做有用之人，行大义之事	172
陈　毅："人民培养汝，一切为人民"	175
陈　毅："手莫伸，伸手必被捉"	178
罗荣桓："不能对我有其他依靠"	181
罗荣桓："你们从我手里继承的，只有党的事业"	184
徐向前："求学之道如攀险峰"	187
徐向前：公私分明的家规	189
聂荣臻：始终保持简朴生活	192
聂荣臻：厚道家风	194
叶剑英："你们必须完成你们这一代的责任"	196

叶剑英："任何时候都要优先安排学习" …… 199

李富春："家财不为子孙谋" …… 202

李富春和蔡畅：革命后代的家 …… 205

彭　真：子女教育上的"苦心安排" …… 208

彭　真：要和普通百姓一样 …… 211

李先念："我是国务院副总理，不是红安的副总理" …… 213

李先念："粗茶淡饭足矣" …… 216

谭震林：用党史育人传家 …… 219

谭震林：勤奋好学，言传身教 …… 221

乌兰夫：教育子女爱祖国爱人民 …… 223

乌兰夫："没有奉献就没有爱" …… 225

张闻天："革命者的后代应该像人民一样地生活" …… 227

张闻天："你们应该成为新中国的好青年" …… 230

陆定一："没有千万烈士的牺牲，
　　　　我们能相见么？" …… 233

陆定一："我家没有这个规矩" …… 236

罗瑞卿："你们出生在这个家庭里，没有什么可特殊的" …… 239

罗瑞卿：做"大鹏鸟"，不做"蓬间雀" …… 242

邓子恢："一定要时刻惦挂着群众" …… 245

邓子恢：革命者要有科学文化知识 …… 248

习仲勋：为人民服务，就是对父母最大的孝 …… 250

习仲勋：你是习仲勋的女儿，就要"夹着尾巴做人" …… 253

陶　铸：培养"勤学多思"的学风 …… 256

陶　铸：松树般坦荡无私的品格 …… 258

马永顺："不能在咱们家搞走后门这一套" …… 261

马恒昌："咱们是工人，路得靠自己走" …… 264

王进喜：一条铁的家规 ... 267

孔繁森：勿以恶小而为之 ... 270

甘祖昌：唯一的遗产只有三枚军功章 ... 273

龙梅和玉荣：集体主义精神永不褪色 ... 276

申纪兰：忠孝两双全 ... 278

吕玉兰：高风昭日月，亮节启后人 ... 281

朱彦夫：咱家绝不容许再有一个"特"字 ... 284

许　光：弘扬红色家庭的优良家风 ... 286

麦贤得：信仰不许丢，正气不许丢 ... 289

杨善洲：给子孙后代一个清清白白的人生 ... 292

时传祥：不管时代怎么变，"宁肯一人脏，
　　　　换来万家净"的精神不能变 ... 295

吴运铎：以"别人不知道我爸爸是谁"为荣 ... 298

谷文昌："活着因公使用，死后还给国家" ... 301

沈　浩："我做事要坚持原则" ... 304

张秉贵：一张全家福 ... 307

张富清："不能给组织添麻烦" ... 310

陈景润：勤俭节约、艰苦奋斗的大数学家 ... 313

钱学森："我姓钱，但我不爱钱" ... 316

龚全珍："精神遗产比几间房子要珍贵得多" ... 319

常香玉："戏比天大" ... 321

惠中权："不能搞任何特殊" ... 324

焦裕禄："不应该带头搞特殊化" ... 327

廖俊波：清清白白做人，就可以安安稳稳睡觉 ... 330

毛泽东：
火炉边的家庭会议

1921年春节，忙于筹建中国共产党的毛泽东从长沙回到家乡韶山，和家人一起过年。

农历正月初八，是毛泽东母亲的冥诞。这天晚上，毛泽东和大弟毛泽民、弟媳王淑兰、二弟毛泽覃、继妹毛泽建等，围坐在火炉边烤火，一边吃南瓜子、抽旱烟，一边聊家常。一家人坐在一起，气氛轻松融洽。家人们没有想到，正是这次家庭会议彻底改变了自己的人生命运。

毛泽东对毛泽民和王淑兰说："这几年我不在家，泽覃也在长沙读书，家里只有你们两口子撑着，母亲死了，父亲死了，都是你们安葬的，我没有尽孝，你们费了不少心。"

毛泽民惆怅地讲起这几年家里所发生的事。他说："民国六年修房子，母亲开始生病；败兵几次来屋里出谷要钱，强盗还来抢过一次；民国八年、九年，死娘，死爹；还给泽覃订婚。这几年，钱用得多，20亩田的谷只能糊口，把准备买进桥头湾田的钱都用掉了。"

毛泽东问："是不是欠了别人一些钱呢？"

毛泽民说："别人欠我们的有几头牛，我们欠人家的就是'义顺堂'的几张票子。"

毛泽东又问:"能抵消的有些什么东西呢?"

毛泽民回答:"家里有两头肉猪,仓里还有两担谷。"

王淑兰在旁边插话:"这几年,屋里真的不容易。"

毛泽东感慨唏嘘,半晌才说:"你们讲的这些都是实在的。强盗来抢东西,败兵来要东西,这不只是我们一家发生的事,而是天下大多数人有的灾难,叫做国乱民不安生。"稍停了一下又说:"我的意见是把屋里收拾收拾,田也不做了,都跟我到长沙去。再读点书,边做些事,将来再正式参加一些有利于我们国家、民族和大多数人的工作。"

听了毛泽东的话,毛泽民兴奋却又有顾虑。他说:"可是,家里的田土总不能让它荒了吧?房子不住人,也会破败掉的。"

毛泽东坚定地说:"你们不要舍不得离开这个家,为了建立美好的家,让千千万万人有一个好家,我们只得离开这个家。田让家里穷、又会种田的人种去,房屋也让给没房的人家去住。"

"那我们欠别人的和别人欠我们的怎么办?"

"家里发出的票子,写个广告出去,请他们几天内来兑钱。你把猪赶到银田寺卖了,准备钱让人家来兑。牛,就让别人去喂,不要向别人要钱,快春耕了,不能逼人家卖牛啊!别人欠我们的账就算了,仓里剩下的谷子就不要了。"

在毛泽东的耐心开导下,弟弟妹妹们懂得了"国乱民不安生"的道理,决定舍家参加革命。

正月初十,毛泽东和泽覃、泽建一同离开韶山前往长沙。几天后,毛泽民和王淑兰也带着孩子走出了韶山冲。

毛泽东的父亲毛顺生一辈子精打细算、省吃俭用积累起来的"义顺堂"生意,就这样被儿子拱手送了人,田产房产也无偿让别人使用。这成了当时十里八乡的爆炸性新闻,乡亲们都觉得很稀罕,议论纷纷。直到许多年后,人们才明白过来,正是这种义无反顾的毁家兴邦的决心和勇气，推动了中国革命航船的前进。

　　毛泽建、毛泽覃、毛泽民后来相继为革命而英勇牺牲，加上毛泽东的妻子杨开慧、儿子毛岸英、侄子毛楚雄，毛家一共牺牲了六位烈士。毛泽东内心承受着失去亲人的巨大伤痛，但似乎从未后悔当年那次家庭会议的决定。因为他心中装的不仅仅是自己的"小家"，更是国家、民族这个"大家"。

（王颖　撰稿）

毛泽东：
"不能只解决自己一家的困难"

1949年10月的一天，秘书向毛泽东汇报，韶山来的毛泽连、李祝华二位已到北京。

听到秘书的话，正在批阅文件的毛泽东停了下来，兴奋地说："太好了，是九弟润发来了！"

毛泽东口中亲切叫着的九弟润发，就是毛泽连。解放后，毛泽东的堂兄弟就只剩下毛泽连、毛泽青、毛泽荣3人。其中，毛泽东的祖父毛恩普与毛泽连的祖父毛恩农是亲兄弟。毛泽连的亲姐姐毛泽建曾过继给毛泽东父母做女儿。

李祝华是毛泽东的堂表弟。在堂兄弟中，毛泽连和毛泽东的关系比较特殊。1925年初，毛泽东带病回韶山开展农民运动，建立起了韶山党支部。年仅12岁的毛泽连带头参加了儿童团，给毛泽东当通讯员。有一次，军阀赵恒惕派人前来抓捕毛泽东。抓捕的人快临近时，才被放哨的毛泽连发现，他大声咳嗽向毛泽东示警。毛泽东见情况不妙，马上出后门隐身密林里，方才脱险。1927年1月，毛泽东回韶山考察农民运动。离开韶山时，毛泽连背着包袱和雨伞，一直把毛泽东送到村外。

没想这一别，竟是22年。

一见面，毛泽连就激动地握住了毛泽东的手，毛泽东的关切之情也溢于言表。他感叹地说："几十年不见了，我很想念你们，也很想念家乡。你们来了，真是太好了！"

"三哥，我这次到北京来，没有带什么东西送给你。"毛泽连不好意思地说。

毛泽东笑着说："你们这么远来看我就不容易了，还要送什么东西呢。"

随后，毛泽东还询问了韶山和一些亲友的情况，毛泽连和李祝华都一一作了回答。李祝华谈到毛泽连家生活困难，请求毛泽东帮助解决。毛泽东说："泽连家的困难我知道。我是国家主席，要解决全国大多数人的困难，不能只考虑解决泽连一家人的困难。"

李祝华想请毛主席批准留京工作或介绍回湖南工作。毛泽东心情沉重而温和地说："成千成万的先烈为革命事业牺牲了他们的宝贵生命，我们活下来的人想事、办事，都要对得起他们才是。你们都是作田人，过不惯城市生活，还是回老家作田、种菜喂猪稳当。今后大家会有好日子过的。"在京住了一段时间，毛泽东就托警卫班的同志到火车站排队帮毛泽连和李祝华买好了回去的车票。

送别之际，毛泽东说道："润发九弟，欢迎你和毛家、文家、杨家各位亲戚来我这里做客，只是不要住得太久，也不要经常来。以后来先要经我同意。我们的革命是胜利了。但国家很大，很穷，你们今后各自的困难要靠自力更生解决。我毛泽东要解决全国人民的困难，要解放的也是全国人民，不能只解决自己一家的困难，只解放自己的各家亲戚。你是我的堂弟，凡事更加应该带个好头。"

对于亲属，毛泽东就是这样的严格要求，绝不以权谋私，但也绝不是坐视亲友困难而不顾、不讲亲情的。当看到毛泽连患眼疾几乎失明时，毛泽东派儿子毛岸英和秘书将毛泽连送到协和医院治疗，并从自己工资中支付了医疗费；毛泽连母亲死后无钱安葬，毛泽东又寄去500元钱……到了晚年，卧病在床的毛泽东还把李敏、李讷二人叫到身边，语重心长地说："我快不行了，有件事情只好请你们去做，家乡还有两个叔叔，连饭都吃不饱，你们要经常回去看看。"

毛泽东说过："恋亲，但不为亲徇私；念旧，但不为旧谋利；济亲，但不以公济私。"他身体力行，为亲人们树立了良好家风。

（钟波　撰稿）

毛泽东：
亲戚也不能特殊

　　毛泽东童年绝大部分时间都是在外婆家度过的，他和表兄弟们一起读书、游戏，得到过舅父、表兄们的很多帮助，与他们感情很深。

　　1950年初，二舅的三儿子文南松给毛泽东写信，提出为其胞兄文运昌介绍工作的要求。在此以前，文运昌本人也给毛泽东接连写了好几封信。

　　在诸多表兄当中，毛泽东与文运昌的感情最深。当年毛泽东辍学在家务农时，文运昌就把自己的书借给他看。其中一本《盛世危言》让毛泽东意识到"天下兴亡，匹夫有责"，激起他复学的强烈愿望。1910年，毛泽东又一次面临失学，是文运昌引荐他到湘乡县立东山高等小学堂读新学。在学校里，文运昌还向毛泽东推荐并借给他《新民丛报》等进步书刊。1936年，在与美国记者斯诺谈自己的经历时，毛泽东说，文运昌借给他的这两本书他读了又读，直到能够背诵，"十分感激我的表兄"。

　　对这么一位表兄提出的介绍工作的要求，该怎么办呢？

　　"运昌兄的工作，不宜由我推荐，宜由他自己在人民中有所表现，取得信任，便有机会参加工作。"1950年5月12日，毛泽东给文南松亲笔回信，正面表示了自己的态度。

文运昌知道毛泽东是讲亲情的人，认为他直接为亲戚安排工作可能不太方便，便给毛泽东的秘书田家英写了一封信，要求为毛泽东外婆家的15位亲戚解决求职、求学问题。毛泽东知道后，在信笺的页眉上批示了一行字："许多人介绍工作，不能办，人们会说话的。"

其实，早在抗日战争初期，毛泽东就拒绝过文运昌到延安谋职的要求。看似无情举动的背后，是真情大爱的流露。毛泽东说："我为全社会出一些力，是把我十分敬爱的外家及我家乡一切穷苦人包括在内的，我十分眷念我外家诸兄弟子侄，及一切穷苦同乡，但我只能用这种方法帮助你们，大概你们也是已经了解了的。"

中华人民共和国成立后，大舅之子文涧泉也曾来信，为同宗好友文凯求情，想让毛泽东介绍他来北京工作。毛泽东与文涧泉的感情也很好。1927年毛泽东到湘乡考察农民运动，文涧泉曾陪同考察，他本人积极参加农民运动。大革命失败后，他又积极支持毛泽东继续干革命，所以毛泽东对他格外尊重。

对于毛泽东来说，私人感情是一回事，但公事还是要公办。1950年5月7日，毛泽东在给文涧泉的复信中说："文凯先生宜在湖南就近解决工作问题，不宜远游，弟亦未便直接为他作介，尚乞谅之。"

不仅在介绍工作上，即使在生活救济方面，毛泽东也不容许自己的亲戚有任何特殊。

1950年春季青黄不接的时候，文家四兄弟联名给毛泽东写信反映生活困难，要求救济。5月27日，毛泽东给湘乡县长刘亚南写信，特别吩咐："至于文家（我的舅家）生活困难要求救济一节，只能从减租和土改中照一般农民那样去解决，不能给以特殊救济，以免引起一般人民不满。"

至于在作风上，毛泽东对他们约束更加严格。新中国成立初期那几年，文家亲戚常有人来北京看望毛泽东。回去之后，其中有人不免有点骄傲情绪，说起话来气也粗了。毛泽东得知后，立即给当地石城乡党支部和乡政府写信："文家任何人，都要同乡里众人一样，服从党与政府的领导，勤耕守法，不应特殊。请你们不要因为文家是我的亲戚，觉得不好放手管理。"

毛泽东还申明了自己的态度："第一、因为他们是劳动人民，又是我的亲戚，我是爱他们的。第二、因为我爱他们，我就希望他们进步，勤耕守法，参加互助合作组织，完全和众人一样，不能有任何特殊。如有落后行为，应受批评，不应因为他们是我的亲戚就不批评他们的缺点错误。"

（钟波　撰稿）

毛泽东：
"补上劳动大学这一课"

在子女的培养教育上，毛泽东不仅重视引导子女读书学习，增长书本知识，还千方百计让他们到实践中经受锻炼，向群众学习，"补上劳动大学这一课"。

1946年1月，毛泽东24岁的大儿子毛岸英从苏联回到延安。

毛岸英小时候吃过很多苦，自5岁以后就没有见到父亲，曾与母亲杨开慧一起被捕，进了国民党的监狱。母亲牺牲后被送到上海的幼稚园，后来带着弟弟流落街头。14岁时被中共地下党送到苏联学习，在异国生活了10年，完成学业，还参加了苏联红军，获得中尉军衔。

父子在分别19年后重新相聚，毛泽东的喜悦之情溢于言表，但他补偿父爱的方式却出人意料。

毛泽东让毛岸英脱掉苏式军装，换上他的旧棉衣、棉裤，把这个"洋学生"、"苏联军官"打扮成了一个农民、一个"土八路"。父子在一起只吃了两天饭，就让毛岸英住到机关，和其他同志一起吃食堂大灶。后来，毛泽东干脆把毛岸英送到延安吴家枣园村上"劳动大学"，让他跟村里的劳动模范吴满有学开荒、种地。

临行前，毛泽东对毛岸英说："你过去是吃面包喝牛奶，回来要吃中国饭，吃陕北的小米，小米可养人哪！"毛岸英脱下大皮鞋，换上父亲给的布鞋，背包里装满小米、菜籽、瓜籽，就这样上路了。

几个月后，因为听说胡宗南要进攻延安，村里决定把毛岸英送回来。毛泽东仔细端详着儿子，高兴地不住点头笑。原来，这时的毛岸英已经完全看不出从苏联归来时的样子。他头上扎着毛巾，身上穿着灰土布汗褂裤，胳膊黑油油的，发着亮光，脸也晒得黑黑的，跟陕北的农民一个样！

"好哇！白胖子成了黑胖子了！"毛泽东疼爱地摸摸儿子那双厚实粗糙的大手，看看手心里厚厚的茧子说："这就是你在'劳动大学'的'毕业证书'！"

毛岸英后来遵照毛泽东"补上劳动大学这一课"的要求，在解放区搞土改，做过宣传工作，当过秘书。新中国成立初期，他又被派到工厂担任党委副书记。1950年，他加入志愿军第一批赴朝参战，不幸牺牲在朝鲜战场上。

毛泽东始终认为，子女的前程只能在实际斗争的磨炼中去创造，只能在与工农群众结合的道路上去实现，对两个女儿李敏和李讷也不例外。

1960年12月，毛泽东在和李敏、李讷等亲属及身边工作人员一起吃晚饭时，特意讲了一个"汉口人不怕油锅烫"的故事。他说，从前有个8岁的小孩子，到了阎王老爷那里，阎王把他丢入烧得滚滚的油锅中，他却不仅毫发无损，反而在油锅里游来游去，看样子舒服得很。阎王就问他，你是哪里人呀？他说，我是汉口人，阎王听后说，怪不得，你是汉口人噢，不怕油锅烫。原来汉口的夏天是很热的，汉口人是热惯了的，经受了锻炼。阎王拿他没办法，只好说，算了吧，放他回去。看来人就是要锻炼，不要怕锻炼。毛泽东接着又讲了一个历史故事。他说，战国时的苏秦、张仪都是鬼谷子的高徒，但后来苏秦当了六国的宰相，张仪去投靠他，却受到冷遇。张仪于是跑到秦国，后来也当上了宰相。这时张仪终于明白，苏秦之所以怠慢他，是因为他知道张仪是个了不起的人，如果把他留在自己身边，顶多当个村长；不留张仪是逼他更加发愤图强，做出更大的成就。说到这里，毛泽东话锋一转："人就是要压的，人没有压力是不会进步的。我就受过压，得过三次大的处分，被开除过党籍，撤掉过军职……人就是要锻炼，不要怕……到农村去锻炼。我看哪里最艰苦就到哪里去……"

毛泽东说到做到，他先后安排李敏、李讷到工厂、农村参加较长时间的劳动锻炼。还严格要求，一再嘱咐她们：你们要向工农学习，拜他们为师，和群众打成一片。离开群众，你们将寸步难行，你们将一事无成。

李敏和李讷后来都在工作、生活中吃过不少苦，经历许多挫折，做到了自立自强。李讷曾说过：父亲的严格要求，"完全不是过分的，而是很实事求是的，是按照我将来要过什么样的生活来要求的，并不是随便那样做。他那是真正的父爱"。

毛泽东深知"父母之爱，则为之计深远"的道理，他让子女"补上劳动大学这一课"，树立了不讲特殊、吃苦耐劳、联系群众、脚踏实地的良好家风。

（王颖　撰稿）

毛泽东：
"还是各守本分的好"

李讷是毛泽东最小的孩子。闲暇时父女逗趣，毛泽东称李讷为"大娃娃"，李讷则称父亲为"小爸爸"。和其他几个孩子相比，李讷在父亲身边生活时间最长，直接感受到的父爱最多，受到的严格约束也最多。

1960年冬，正是国家经济最困难的时候。当时李讷在北京大学读书，常常两三个星期才回家一趟。

一个星期六下午，李讷回到家里，毛泽东破例让她在家里和自己一起吃了顿饭。困难时期，毛泽东的所有子女，都按照父亲的要求或者在学校或者在机关大食堂吃饭。

饭前，李讷在毛泽东卧室向父亲汇报学习情况。她委婉地说："我的定量老不够吃。菜少，全是盐水煮的，上课肚子老是咕噜咕噜叫。"毛泽东教育女儿说："困难是暂时的，要和全国人民共渡难关。要带头，要做宣传，要相信共产党……"

开饭了，由于毛泽东已经宣布"不吃肉，不吃蛋，吃粮不超定量"的规定，家里的饭菜也没太大的油水。可饿了一段时间的李讷看见桌子上的米饭和三四盘炒菜，胃口一下被吊起来了。

她抓起筷子，鼻子伸到热气腾腾的米饭上。那是红糙米，掺了芋头，她深深地吸了一口气："啊，真香啊！"她望着父亲粲然一笑。

毛泽东眼睛有些湿润，看着女儿："吃吧，快吃吧。"

话音刚落，李讷已经向嘴里扒饭。饭太烫，她咝咝地向外吹气，吹几口便咽下去，烫出了泪。

"吃慢点，着什么急。"毛泽东慈祥地看着李讷。

"在学校吃饭都很快，习惯了。"李讷看了一眼旁边的卫士，腼腆地说。可慢吃了几口又变成狼吞虎咽。很快，她第一个吃完了自己碗里的饭。

看着李讷狼吞虎咽的样子，毛泽东停住了筷子，继而把自己碗里的饭，拨到女儿的碗里。

"哎，你们怎么不吃了？"李讷发觉了诧异地问。毛泽东笑着说道："老了，吃不多。我很羡慕你们年轻人。"

李讷吃得正香，说："你们不吃我全打扫了啊。"

毛泽东拿起报纸，一边看一边说："三光政策，不要浪费。"

桌上的饭菜果然被李讷全部"消灭"了。看她还没吃饱，卫士又跑到厨房要了两个白面掺玉米面的馒头。李讷拿馒头蘸着菜汤，又把盘子擦了个一干二净。

卫士目睹了这一情景，心里很不是滋味。事后向毛泽东进言："主席，李讷太苦了，我想……"没等他说完，毛泽东就打断他："和全国老百姓比起来，她还算好的。"

"可是……"

"不要说了。我心里并不好受。我是国家干部，国家按规定给我一定待遇。她是学生，按规定不该享受就不能享受。"毛泽东深深叹了口气，不无忧伤地说："还是各守本分的好。我和我的孩子都不能搞特殊，现在这种形势尤其要严格。"

卫士不再说话了，因为就在不久前卫士长李银桥悄悄去学校给李讷带去一包饼干，被毛泽东知道了，挨了一顿狠狠的批评。

毛泽东从来不允许他的儿女以他的名义、地位、权势去谋私利。多年以后，儿女们更深刻地意识到这种严格要求是真正的爱，是人生最大的财富——"是父亲给了我知识和力量，练就了我迎难而上的意志"。

（吕臻　撰稿）

毛泽东：
"好好学习"

1952年，"六一"儿童节就要到了，在中直育英学校就读五年级的李讷，接到班主任布置的一项任务：希望同学们行动起来，制作一份节日礼物，既可以自己做，也可以结成小组共同做，还可以请家长帮忙，以实际行动向儿童节献礼。老师要求这项活动一定不要花钱，不然就失去了意义。

周末放学后，李讷回到家，在丰泽园菊香书屋父亲毛泽东的办公室外，她转来转去，最后实在忍不住了，轻轻走进去，还是不敢吭声。伏案工作的毛泽东抬头看见正在犹豫的女儿，问她有什么事。李讷于是表达了希望父亲能够为她和学校送上一份节日礼物的愿望。毛泽东很高兴答应了女儿，随后在长35厘米宽11厘米的宣纸上，用毛笔题写了一张条幅。

育英学校每周一早上的第一节课是周会。会上，班主任老师问起大家向儿童节献礼做得怎样了。李讷说：我让爸爸写了几个字。同时拿出了一张条幅，交给老师。班主任把纸慢慢展开，全班同学都看到了，上面是毛泽东书写的"好好学习 好好学习"八个字。整个学校都沸腾了，师生们兴奋异常、激动不已。后来，在老师们的建议下，学校把这张珍贵的条幅用镜框镶嵌好，悬挂在校部外大厅的墙上。

毛泽东为什么会写两遍"好好学习"呢？李讷向老师解释说："昨天我央求爸爸给写几个字，爸爸写了'好好学习'四个毛笔字。但不小心被水滴弄了水印。于是爸爸又在这个'好好学习'的左侧偏下写了'好好学习'四个小字。"这个小小的偶然，反而更加富于深意。它清晰地表达出作为一位开国领袖同时作为一名家长的毛泽东，对孩子们的期望和鼓励。

平时在和子女的沟通交流中，毛泽东总是会提到学习问题。他说："有了学问，好比站在山上，可以看到很远很多东西。没有学问，如在暗沟里走路，摸索不着，那会苦煞人。"他还常说："我一生最大的爱好是读书。""饭可以一日不吃，觉可以一日不睡，书不可以一日不读。"

儿子毛岸英、毛岸青在苏联时，毛泽东在给他们的家书中，特地嘱咐他们要认真学习，提醒要趁着年纪尚轻，多学习自然科学。毛岸英回国后，为了让他深入了解中国的社会和文化，毛泽东建议他要多读书，特别是要看历史小说、明清笔记小说。毛泽东还建议他去工厂和农村，扎根中国大地去上"劳动大学"，向广大劳动人民学习。

毛岸英在朝鲜牺牲后，1956年2月14日，他的妻子刘松林到苏联学习。毛泽东在给刘松林的信中，嘱咐她要"注意身体，不使生病，好好学习"。

女儿李敏从小在苏联长大，对中国文化起初比较生疏。回国后，毛泽东不仅督促她完成学校布置的学习任务，尽快学会、掌握汉字，还要求她练写毛笔字，并且亲笔给李敏写仿帖。除了写字，毛泽东还要求李敏好好读四大名著等中国经典作品。李敏后来回忆说："为了培养我，父亲下了一番功夫，他想让我在学成一手好字的同时，潜移默化地接受中国传统文化的熏陶。"

女儿李讷就读大学时，毛泽东也写信建议她多读书学习，并且谈到读书要循序渐进,"要读浅近书,由浅入深,慢慢积累。大部头书少读一点,十年八年渐渐多读,学问就一定可以搞通了"。

在给孩子的信里,毛泽东曾语重心长地说:"一个人无论学什么或作什么,只要有热情,有恒心,不要那种无着落的与人民利益不相符合的个人主义的虚荣心,总是会有进步的。"

"好好学习"四个字,生动反映出毛泽东一生热爱学习和追求真理的崇高风范,是他和子女之间沟通交流的重要内容,也是他对子女传承优良家风家教的深切要求。

(吕臻 撰稿)

毛泽东和毛岸英：
向裙带恶习同声说"不"

1947年，毛岸英到山西临县郝家坡参加了当地的土地改革工作。他写信给父亲毛泽东汇报自己的思想和工作情况。毛泽东在回信中肯定了他的进步，并说："一个人无论学什么或作什么，只要有热情，有恒心，不要那种无着落的与人民利益不相符合的个人主义的虚荣心，总是会有进步的。"毛岸英对父亲这段话深有感触，将其工整地抄写在笔记本扉页上，当作自己的座右铭，并且一直珍藏着这封信，直到后来牺牲。

毛泽东的言传身教，潜移默化地影响着毛岸英。新中国成立之初，父子二人共同演绎了一段反对裙带之风的佳话。

1949年8月湖南和平解放后，毛泽东收到杨开慧的哥哥杨开智的来信，信中要求到北京工作。杨开智是杨开慧的兄长，与毛泽东可谓至亲关系。革命战争年代，他曾尽个人财力支持毛泽东开办文化书社，帮助毛泽东进行革命活动。大学毕业后他长期在湖南从事农业、林业和茶叶生产技术工作，女儿又是革命烈士，这样的条件，得到一点照顾，在北京安排一个岗位，似乎也不会有人非议。但毛泽东却不这样看，他认为，一个刚刚执掌全国政权的党，如果开了方便之门，大搞裙带之风，势必会损害党的威信，动摇群众的信赖。他给湖南省委发电报要求"杨开智等不要来京，在湘按其能力分配适当工作，任何无理要求不应允许。其老母如有困难，可给若干帮助。另电请派人转送"。这个"另电"则是1949年9月给杨开智的家信。信中说："希望你在湘听候中共湖南省委分配合乎你能力的工作，不要有任何奢望，不要来京。湖南省委派你什么工作就做什么工作，一切按正常规矩办理，不要使政府为难。"

杨开智接到毛泽东的信后还不死心，又托在北京工作的表弟向三立向毛岸英求情，希望能在长沙谋个"厅长方面"的位置。长期受父亲言行的耳濡目染，毛岸英对这件事也有自己明确的态度，1949年10月24日，他回了一封长信，信中说：

来信中提到舅父"希望在长沙有厅长方面位置"一事，我非常替他惭愧。新的时代，这种一步登高的"做官"思想已是极端落后的了，而尤以通过我父亲即能"上任"，更是要不得的想法。新中国之所以不同于旧中国，共产党之所以不同于国民党，毛泽东之所以不同于蒋介石，毛泽东的子女妻舅之所以不同于蒋介石的子女妻舅，除了其他更基本的原因之外，正在于此：皇亲贵戚仗势发财，少数人统治多数人的时代已经一去不复返了。靠自己的劳动和才能吃饭的时代已经来临了……大众的利益应该首先顾及，放在第一位。个人主义是不成的。……共产党有的是另一种"人情"，那便是对人民的无限热爱，对劳苦大众的无限热爱。

这封信准确而透彻地诠释了共产党人的权力观和人情观，反映了毛泽东良好的家风家教。如今，两封信均被完整地保留了下来，当人们来到韶山毛泽东纪念馆时，总会读到父子二人的这两封家信，感受到中国共产党人的红色家风。

（光新伟　撰稿）

毛泽东：
生活开支账本

韶山毛泽东同志纪念馆保存着毛泽东一家自 1952 年到 1977 年 1 月的生活开支账本。这些发黄的账本看上去和普通勤俭人家的生活账本没什么两样，衣食住行、柴米油盐一笔笔记录在内，连购买手纸、火柴等细微的花费都记得清清楚楚，真实再现了当年中国"第一家庭"的财务与生活状况，反映了这个家庭严于律己、勤俭节约的家风。

从账本中可以看出，毛泽东一家生活开支基本靠他与江青的工资。毛泽东的工资原来是每月 610 元，国民经济困难时期他带头把自己的工资降到 404.8 元；江青的工资是 243 元，从 1968 年 3 月起调整为 342.7 元。

尽管收入不算低，但毛泽东家庭支出也比较大，常常捉襟见肘，用今天的话来说就是"月光族"。原来，作为一家之主的毛泽东要负担七八口人的生活，除了他自己、江青及儿子毛岸青，女儿李敏、李讷外，江青的姐姐李云露及李云露的儿子长期跟毛泽东生活在一起，侄子毛远新也基本上在毛泽东家长大。再加上平时有湖南老家来的亲戚到北京看病，交通食宿、看病的费用都由毛泽东负担。毛泽东还时常在家请客吃饭，有时组织晚上开会，会开得晚了，就请大家吃夜宵，都是他私人掏腰包。

这些开支经常让毛泽东的生活管理员非常为难。卫士长李银桥曾草拟了一份《首长薪金使用范围、管理办法及计划》，把毛泽东、江青的工资开支分为主食450元、副食品120元、日常用品15元、杂支零用18元、房租费49.63元等9项，请毛泽东阅示。毛泽东一开始不肯签字，认为平均每人每天3元的伙食费太高了。李银桥解释说，这里面包括了所有招待客人的费用，毛泽东这才答应，批了两个字："照办"。

毛泽东在日常生活中始终严格自律，消费开支处处强调公私分明。毛泽东一家住在中南海丰泽园，和普通百姓一样按规定交房租，水电、煤气、取暖、家具样样要交钱。毛泽东外出开会喝茶也要自己付费。比如到人民大会堂、钓鱼台开会，没有带茶叶而喝了公家的茶，就记上账，他的生活管理员每隔一段时间就会去结一次账。

为了严格控制家庭开支，毛泽东也和普通老百姓一样省吃俭用。他曾对生活管理员说："只要你们饭菜做得干净卫生就可以了，不必买一些贵重的东西给我吃。比方说，现在是冬天，你就别买那些西红柿、黄瓜之类的新鲜蔬菜，现在买一条黄瓜的钱，到了夏天就能买一筐黄瓜，冬天买一条黄瓜只能吃一顿，夏天买一筐黄瓜能吃几十顿。"

无论在哪个时期，毛泽东所吃的菜都是一些十分普通的百姓菜。保健医生多次劝毛泽东要注意营养，改变饮食习惯，多吃点有营养的东西。听了后，毛泽东每次都摇头，有时说："你们说的那些山珍海味，我不喜欢吃，我不想吃的东西你们就不要勉强我，我吃了不舒服，就说明吸收不了。再说我们国家还不富裕，人民群众生活还有一些困难，我吃那么好，心里不安呀。"

毛泽东是个"恋旧"的人。他很少穿新衣服，旧衣服总是补了又补。他的生活用品也总能跟随他很久，即使破旧不堪了，他也不允许工作人员随便丢掉。毛泽东还经常嘱咐工作人员，生活用品需要多少就买多少，不要多买，以免浪费。对于生活用品，他总是用到不能用为止，因此，毛泽东的账本中有很多类似修补热水瓶、换锅底、换皮凉鞋底、修理手表等的消费记录。

毛泽东对子女非常疼爱。李敏和李讷在育英小学寄宿读书期间，她们每星期都要回家过周末。到了周末，学校就把离校这一天的伙食费退给学生。李敏和李讷对带回来的伙食费，从来不自己花掉，而是如数交给毛泽东，毛泽东再转交给生活管理员。于是，这些钱就作为李敏和李讷星期日回到家中的伙食费，并在管理科入账。毛泽东经常告诫子女，学习和事业要向上看，但生活要向下看。他还要求子女不要穿得太讲究，要和老百姓一样，穿得干干净净，整整齐齐就行。

当然，即便如此严格管理，也避免不了家庭财务透支现象。乡下亲戚进京，穷困的师友求救，甚至身边工作人员的生活困难，毛泽东都要关心和接济。这些庞大的开销，当然不是他的工资所能应付的。于是，毛泽东只好同意从他的稿费中补贴一部分。不过，这必须经过他的批准，从中央特别会计室支取。为了把好家庭经济关，毛泽东还不定期检查家庭开支情况，绝不允许占公家一分钱便宜。

（王颖　撰稿）

周恩来：
十条家规

1. 晚辈不准丢下工作专程来看望他，只能出差顺路时看看；
2. 来者一律住国务院招待所；
3. 来者一律到食堂排队买饭菜。有工作的自己出钱，没有工作的由总理代付伙食费；
4. 看戏，以家属身份买票入场，不得用招待券；
5. 不许请客送礼；
6. 不许动用公家汽车；
7. 凡个人生活中能自己做的事，不要别人去办；
8. 生活要艰苦朴素；
9. 在任何场合都不要说出与总理的关系，不要炫耀自己；
10. 不谋私利，不搞特殊化。

这是晚辈们根据周恩来的日常要求整理出来的。周家的这十条家规，体现出周恩来对亲属们的严格要求。

十条家规，看似无情却有情。周恩来、邓颖超两人工资二成以上都用于资助亲属，包括赡养长辈、接济平辈、供养侄辈。邓颖超告诉亲友们："你们有困难，我们的工资可以帮助你们，毫不吝惜，但我们从来不利用工作职权来帮助你们解决什么问题，你们也不要有任何特权思想。"

周恩来和邓颖超没有子女，但是周家是个大家族，亲朋子侄众多。新中国成立后，亲属们纷纷找上门来，想解决各种困难，"十条家规"就这么逐渐形成了。

家规是这样要求的，也是这样执行的。周恩来谆谆教导晚辈，要否定封建的亲属关系，要有自信力和自信心，要不靠关系自奋起，做自己人生之路的开拓者。

周尔辉是周恩来的侄儿，父亲为革命牺牲了。1952年，国家干部由供给制改为薪金制后，周恩来将他接到北京抚养。当时北京办有干部子弟学校，是专门培养烈士、高级干部子女的，条件比较好，但周恩来没有让周尔辉上这样的学校，而是让他到普通中学就读。周恩来还特意嘱咐侄子，无论是领导谈话、填写表格，还是同学之间交往，千万不要说出与他的这层关系。

周尔辉大学毕业后留在北京钢铁学院工作。1961年，他与淮安一位普通的小学教师孙桂云结婚，周恩来和邓颖超在西花厅为他们举办了简朴而热闹的婚礼。为解决两地分居问题，北京钢铁学院按照程序帮助孙桂云办理了进京的调动手续。周恩来知道后教育周尔辉、孙桂云说："这几年国家遭受自然灾害，北京市大量压缩人口。你们作为总理亲属，要带头执行，不能搞特殊化。照顾夫妻关系，为什么只能调到北京，而不能调到外地去？"于是，周尔辉和孙桂云放弃已办好的手续，一起回到了淮安。

周秉建是周恩来的侄女，是周恩来三弟周恩寿最小的女儿，周恩来、邓颖超很喜欢她。15岁那年周秉建响应党和国家的号召，去内蒙古插队，周恩来在家里专门为她做了送行饭，嘱咐她说："我坚决支持你上山下乡，到内蒙古大草原安家落户。我要求你沿着毛主席指引的知识分子与工农相结合的道路永远走下去，一定要迎着困难上，决不能当逃兵。"两年后，周秉建通过正常手续在当地应征入伍。当她在北京军区参加完新兵集训，穿着一身戎装兴高采烈地走进西花厅看望伯父伯母时，周恩来却对她说："你能不能脱下军装，重新回到内蒙古草原去？"

周秉建以为伯父误解她走了后门当兵，连忙解释。没想到周恩来严肃地说："你参军虽然符合手续，但内蒙古那么多人，专挑上你，还不是看在我们的面子上？我们不能搞这个特殊，一点也不能搞。"听了周恩来的话，周秉建回到部队，向领导提出要离开部队回到草原上去。组织上考虑再三，还是把她留下来了，他们以为周恩来工作忙，也许拖几个月就把这事给忘了。没想到，周恩来知道后很生气，严厉地说："你们再不把她退回去，我就下命令了。"在周恩来的督促下，周秉建离开了部队，重新回到了大草原，住进了蒙古包，后来她还嫁给了蒙古族青年，在内蒙古安了家，真正在草原上扎了根。

周恩来曾提出过这样的问题："对亲属，到底是你影响他还是他影响你？一个领导干部首先要回答和解决这个问题。如果解决得不好，你不能影响他，他倒可能影响你。"他的亲属们，非但没有得到任何特殊照顾，反而受到了更"严苛"的约束。

"十条家规"，堪称周恩来给我们今天的家风教育留下的宝贵一课。

（唐蕊　撰稿）

周恩来：
"我可以尽一个晚辈的义务和孝心了"

敬老养老是中华民族的传统美德。周恩来一直认为，革命者也应该恪守孝道。

周恩来从小被过继给小叔父，因此有两个母亲，生母万氏和养母陈氏。但两位母亲在周恩来很小的时候就相继去世，这让他很小就懂得亲情的可贵。对母亲的怀念，是刻骨铭心的。1945年抗战胜利后，周恩来在重庆对众多记者说：35年了，我没有回家，母亲墓前想来已白杨萧萧，而我却痛悔亲恩未报！

周恩来的父亲周贻能一生在外奔波，非常辛苦劳碌。晚年重病中的周恩来曾主动跟侄儿周秉钧谈起自己的父亲："我对你爷爷是很同情的。他本事不大，为人老实，一生的月工资也没超过30块钱。但是他一辈子没做过一件坏事，而且他还掩护过我。"抗日战争时期，周恩来曾把父亲接到重庆，父亲去世后，周恩来将父亲的照片放在钱包里，一直带在身边，照片的背面，周恩来工工整整地写下四个字："爹爹遗像"。

新中国成立后，身为国家总理的周恩来曾先后把八婶母杨氏、六伯父周嵩尧等家族中的老人接到身边。这其中，最特殊的当属周嵩尧。他在清朝时曾做过邮传部郎中掌路政司，民国时曾担任江苏督军李纯的秘书长，还做过袁世凯的秘书。在袁世凯称帝时，他曾上书劝说袁世凯不要逆潮流而动。抗日战争时期，周嵩尧多次拒绝日伪劝说，而隐居扬州。抗日战争胜利后，周恩来在南京与国民党谈判期间，周嵩尧曾专程前往南京相见。

新中国成立后，周嵩尧来到北京。周恩来满怀深情对周秉德说："忠孝不能两全，对生我的父亲，特别是养育我的四伯父，我都没有报答他们的养育之恩。现在你六爷爷要来北京，我可以尽一个晚辈的义务和孝心了。"

在北京期间，周恩来多次接周嵩尧到西花厅，吃饭聊天或者探讨问题，这样的情形让老人家非常开心。遇有越剧、扬剧或淮剧进京表演，周恩来总是叮嘱西花厅工作人员，别忘了买两张票给老爷子送去。周恩来惦记老人在北京怀念故土，百忙之中还不忘叮嘱自己的弟弟常去探望，以解思乡之情。周嵩尧唯一的儿子周恩夔因病去世，周恩来在征得老人同意之后，托人将他最疼爱的曾孙周国镇从扬州接来北京，一边上学一边陪伴老人家，并负担了周国镇的全部学杂及生活费用，以抚慰六伯父的丧子之痛。周嵩尧80岁寿辰之际，周恩来特意请来在京的亲属，在西花厅为老人家祝寿，并亲自下厨做了红烧狮子头、梅干菜烧肉等家乡菜。

周恩来跟大家说，周嵩尧虽然是旧社会的遗老，但应该肯定周嵩尧的两件德政，一是在江苏督军李纯秘书长的任上平息了江、浙两省的一场军阀战争，使人民的生命财产免遭涂炭；二是袁世凯称帝时，没有跟他走，这是政治上很有远见的做法。

周嵩尧去世后，周恩来、邓颖超带上弟弟一家赶去吊唁，邓颖超还亲自带领家人为老人家出殡下葬。周恩来侄女周秉德后来回忆说：周恩来和邓颖超悲痛肃穆的神情，让16岁的她"记了一辈子"。

周恩来用他最为朴素的感情诠释了敬老养老的传统美德，也让这一家风在周家的晚辈们中传承着。

（唐蕊　撰稿）

周恩来：
"到祖国最需要的地方去"

职业选择的标准是什么，答案可能各不相同。在周恩来心中，职业选择，就是服从国家的需要，"到祖国最需要的地方去"。

1961年6月25日是周恩来侄子周秉钧最难忘的一天。这一天，正在准备高考的他突然被周恩来叫到了西花厅。午饭时分，周恩来才从外面回来，谈话就在饭桌上开始了。

周恩来首先发问："秉钧，现在你高中快毕业了，祝贺你，我请你吃饭！能给我说说下步有什么打算吗？"

周秉钧当时想，伯伯专门找他来，一定有他的想法，就直截了当地说，想听听伯伯有什么建议。

周恩来很坦率地说：秉钧，你能不能不考大学？

周秉钧很意外地反问：为什么？

其实周秉钧在学校成绩优秀、表现突出，想要报考清华大学无线电专业，老师们也认为是有把握的。

周恩来恳切地说："现在国家遭受自然灾害，需要重点发展农业，所以，今年征兵的重点是城市，怎么样，你还是参军吧！"

周秉钧爽快地答应了伯伯的要求。周恩来继续说：今天我在军委扩大会议上跟大家讲了，今年的征兵对象主要是城市青年，咱们都是当兵出身，是不是也让咱们的孩子到部队里去锻炼锻炼？大家可能说我没有孩子，对，我是没有儿子，但我有侄儿，我可以送我侄儿去。

这时，周秉钧告诉伯伯说：我在学校里已经参加了空军飞行员的体检，各项都符合标准，只等最后政审了。

周恩来听后还是感到惋惜，他说：原来希望你去当陆军，在野战部队摸爬滚打，锻炼会更大，当然，如果在学校里能选上空军的飞行员，也不容易，那就当飞行员。接着，他还是继续对周秉钧说：你能不能答应我，如果选不上飞行员，就到陆军去服役，怎么样？

看到周秉钧满口答应下来，周恩来才满意地笑了。

就这样，在周恩来的劝说下，周秉钧成为了一名空军飞行员，并在部队工作了30多年。多年以后，回忆起这次改变自己一生的谈话，周秉钧坦言，从不后悔听从伯伯的意见放弃高考而去参军。

1968年，知识青年上山下乡运动拉开了帷幕。从1969年到1970年初，全国共有500多万知青奔向了农村。这其中就有周恩来的侄儿侄女们。当周恩来听说侄儿周秉和决定响应号召去延安插队时，又特意让他到西花厅共进晚餐，并表示："我们支持你去延安。"插队的第二年底，周秉和在农村由于表现良好，通过体检，得到去新疆军区当兵的机会。周秉和迫不及待地将这个好消息写信告诉了周恩来和邓颖超。

但是没想到，周恩来和邓颖超又要求他脱下军装，回到农村，继续"接受贫下中农再教育"。周恩来让身边工作人员与陕西省和兰州军区联系，安排周秉和回到原来插队的地方。当时一心向往军旅生涯的周秉和当然想不通，但随着阅历的增长，周秉和逐渐理解了周恩来的做法，他表示："大规模的上山下乡还在继续，我们作为他的侄儿侄女，也必须做出表率，他才能展开工作。"

周秉和给自己取名"志延"，即"志在延安"的意思，在延安农村生活、劳动了四年多。后来他因表现突出被推荐为清华大学的"工农兵学员"。周恩来听说后，还是要求他学好本事后再回延安为人民服务，并告诉周秉和："已经跟你们的书记说了，他欢迎你毕业后回延安搞建设。"多年以后，周秉和回忆起周恩来对自己的严格要求不禁感慨地说："尽管伯父要求严格，但我从心里觉得他是一名真正的共产党员。"

以国家的需要为第一志愿。对周秉钧，周恩来希望他穿上军装；对周秉和，周恩来则要求他脱下军装、扎根农村。这一穿一脱，体现着周恩来严格的家风，更是周恩来家国情怀的生动印证。

（唐蕊　撰稿）

周恩来：
"三代裤"、"金银饭"、国产表、旧衣服

周恩来从不浪费一钱一物，几十年如一日，始终保持着勤俭节约、艰苦朴素的作风。他穿的是补丁叠补丁的衣服，补了又补的袜子，修了又修的皮鞋，已经没有了毛的毛巾。周恩来坦率地说：六七亿人口的中国就一个总理，再穷也不缺那几身新衣服，但问题不是缺不缺衣服，我这样做，不光是一个人的事，而且是提倡节俭、不要追求享受，提倡大家保持艰苦奋斗的共产党人本色。

周家的子侄们也继承了艰苦朴素的传统。周恩来曾送给侄子周尔辉一条自己穿过的旧呢裤，周尔辉穿了好多年，破了补，补了破，实在不能补了，他就让爱人给改成一条小裤子，给孩子接着穿。有一年他们带孩子到北京看病，邓颖超见小孩穿呢裤子非常惊讶："小孩怎么穿呢裤子？"周尔辉爱人忙作了解释。两位老人听后开心地笑了，说："好！一条裤子穿了三代人，这应该成为我们周家的传统！"这件事后来被传开了，人们把这条裤子叫做"三代裤"。

周尔萃是周恩来堂弟周恩硕的儿子，新中国成立后当上了空军飞行员。1959年，周尔萃因病到北京治病，第一次见到了自己的伯父周恩来。有一天，周恩来请周尔萃到中南海西花厅家里吃饭，让周尔萃兴奋不已。见到周尔萃，周恩来笑着说："今天请你

这个飞行员吃一顿'金银饭'。"周尔萃很纳闷，不知道一向省吃俭用的伯父要请他吃什么大餐。临吃饭时，才看见端上来的是用大米和小米混合煮成的粥。周恩来语重心长地说："你们飞行员，是吃不到这种饭的。过去我们在延安，常吃这种饭，叫做'革命饭'。今天生活好了，不能忘记过去……"

后来，周尔萃才知道，其实平日里共和国总理的家庭餐桌是简单到不能再简单的。主食至少要吃三分之一的粗粮，菜单一般是一荤一素，一条鱼一顿饭只吃一半，剩下的留着下顿再吃。即使这样，周恩来仍不忘让子侄们体验一下家里艰苦朴素的生活习惯，更重要的是教育他们，即使生活水平提高了，也不能忘记艰苦创业的优良传统。

作为周恩来的亲属，曾经有人问周尔萃："你伯父伯母给你多少遗产？"周尔萃却说："伯父伯母留给我们的精神遗产，是无法用金钱来衡量的，是最珍贵的传家宝，是我们用来鞭策自己、教育后代，取之不尽、用之不竭的宝贵财富。"

因为当飞行员需要掌握时间，周恩来曾送给周尔萃一块上海牌手表，并叮嘱他，要珍惜热爱国产品。这块表周尔萃一直用了20多年，直到不能用了为止。1964年周尔萃在北京空军第一高级专科学校学习，当时军队干部节假日外出提倡穿便衣。因为出行仓促，周尔萃没带便衣就来到西花厅。临回去时，周恩来送给他一套自己穿旧的深蓝色呢中山装。因为周恩来的右胳膊受伤不能伸直，时间长了右胳膊处已经打了补丁。穿着这套便装，周尔萃回到了军营。这之后，周尔萃翻改了衣服又穿了很多年。一块手表，一套衣服，周尔萃一直珍藏着，留作教育后代的传家宝。

周恩来曾说过：我们的国家还不富裕，要保持艰苦奋斗的传统，即使以后富裕了，也不能丢了这个光荣传统，"要使艰苦朴素成为我们的美德"。

（唐蕊 撰稿）

周恩来：
"要求别人做到的，自己首先要做到，不能有丝毫的特殊"

在周恩来侄儿周尔均的记忆里，有一首诗让他记了一辈子，这就是杜甫的《茅屋为秋风所破歌》，而跟这首诗一起记住的就是周恩来教导的不搞特殊化的家风。

在中南海，周恩来一直在西北边靠近马路的西花厅办公和居住。这是一座清朝修建的老院子，年代久远，房屋幽暗潮湿，门窗都有缝隙，特别是地面的方砖比较潮湿，办公室的地毯由于潮湿也生了虫子。周恩来因此经常犯关节炎。有关部门多次提出维修，但是周恩来始终没有同意。

1959年，秘书们趁着周恩来和邓颖超相继出差的机会，未经周恩来同意，本着节俭实用的原则对西花厅进行了一次维修。这次修缮，其实只是将腐朽的小梁进行了更换，将已经脱皮的墙面进行了粉刷，更换了窗帘、吊灯，铺了地板，又从钓鱼台国宾馆找到一张不用的床换下原来的旧木床。

维修后的西花厅"焕然一新"，但外出归来的周恩来一进门就怔住了，忙问左右这是怎么回事？听了身边工作人员的汇报，周恩来把主办的同志严厉地批评了一顿，勒令他们马上把旧家具换回来。随后，周恩来不但根本没有进屋，而且扭头离开西花厅，去了一个临时住处。周恩来此举就是为了告诉身边工作人员，你们不恢复原样，我就不回来住。

这个时候正好周尔均去看望周恩来，目睹了伯父生气的场面，便劝慰伯父说："您平时教育我们要爱护国家财产，西花厅这个房子实在是相当的破旧了，这是历史文物，这样一种维护，也是保护国家财产，从这个意义上也没有什么大错，伯伯您就不要再生气了。"

周恩来听后点了点头，但依然严肃地说："你说的话也有一定的道理。我并不是反对做简单的维修，问题是现在修得过了些。你要懂得，我是这个国家的总理，如果我带头这样做，下面就会跟着干，还有副总理，还有部长，再一级一级地这样上行下效，就不知道会造成什么样的严重后果。西花厅原来的样子我看就很好嘛！现在我们国家还穷嘛！还有很多群众没有房子住呢！"

停顿了一下，周恩来继续说："把我住的地方修得那么好，影响多不好。要求别人做到的，自己首先要做到，不能有丝毫的特殊。"

接着，周恩来问周尔均："你看过杜甫的那首诗吗，就是《茅屋为秋风所破歌》！"

周尔均点点头，并认真地背出了这首诗。

"……安得广厦千万间，大庇天下寒士俱欢颜！风雨不动安如山。呜呼！何时眼前突兀见此屋，吾庐独破受冻死亦足！"

听了周尔均完整地背下这首诗，周恩来满意地点点头，然后意味深长地说："你想一下杜甫这首诗，就会明白我为什么这样生气了。"

这件事还惊动了副总理陈毅，他专程去劝周恩来也不管用。直到秘书不得不把窗帘卸了，吊灯拆了，床也换回去了，周恩来才勉强同意住回西花厅。即便如此，周恩来在国务院的会议上还多次做了自我批评，并表示，只要我当一天总理，就不准在中南海大动土木。他还语重心长地对几位副总理和部长们说："你们千万不要重复我这个错误啊！"

　　这件事情已经过去几十年了，每次周尔均回忆起来都还仿佛是发生在昨天。此后，周尔均无论是担任国防大学政治部主任，还是当选全国人大代表，获得中国人民解放军功勋荣誉，从没忘记伯父说过的话。如今，80多岁的周尔均仍能完整地背诵《茅屋为秋风所破歌》，仍时时不忘用周恩来说过的这句话教导自己的孩子们：要求别人做到的，自己首先要做到，不能有丝毫的特殊。

（唐蕊　撰稿）

刘少奇：
"不能因为你是国家主席的亲戚，就可以搞特殊！"

1959年4月27日，刘少奇在第二届全国人民代表大会第一次会议上当选为中华人民共和国主席。选举结束回到家时，工作人员和家人都跑出来迎接他，向他表示祝贺。但让人意想不到的是，刘少奇像往常一样，向大家点了点头，举了举手，就回到办公室继续工作了。大家交头接耳，纷纷表示不理解，说少奇同志当了国家主席，怎么看不出半点高兴来呢？

刘少奇当选国家主席的消息传到湖南宁乡后，家乡人奔走相告。有的本家、亲戚、老乡认为刘少奇当了国家主席，做了大官，今后求他办事、找工作就很容易了。这年国庆节前夕，有几个亲戚为此千里迢迢来到了北京。

10月1日，刘少奇参加完国庆典礼后，高兴地回到家里。他打破平时吃完饭要休息一会儿的常规，叫秘书刘振德立即通知家里的所有人到会议室开会。全家这么多人正儿八经地坐在一起开会，还真没有过。孩子们觉得很新奇，议论纷纷。到底开什么会，大家都在猜测。刘少奇一进会议室，大家顿时安静下来，几十双眼睛齐刷刷地望着刘少奇。

刘少奇和大家打了招呼以后开始讲话："今天趁这个机会开个会，在座的有我的亲戚，有过去在我这里工作过的同志，还有我的家人，我看就叫家庭会议吧。"

刘少奇环顾了一下大家后，直截了当地说："这个会议室是我主持召开政治局会议的地方。不是要正确处理人民内部矛盾吗？今天开这个会就是要处理一下这个矛盾。"

家里也有人民内部矛盾？大家你瞅瞅我，我瞅瞅你，不得要领。

看着大家，刘少奇停顿了一下，接着说："矛盾是什么呢？有的人认为我当了国家主席，做了大官，权力很大，就想沾我点光，给点方便。有的想让我给他安排个好工作，有人想通过我来北京上大学，有的亲戚想进中南海依靠我生活。可我又不能满足他们的要求，于是就有人不高兴，发牢骚，说我不近人情，这就是矛盾嘛。"

刘少奇眼光扫了大家一遍，一些亲戚低下了头。

刘少奇继续说："你们想请我这个国家主席帮忙，以改变自己目前的状况，甚至自己的前途，说实话，我是国家主席，硬着头皮给你们办这些事，也不是办不成，可是不行啊！我是国家主席不假，但我是共产党员，不能不讲原则，滥用手中的权力啊！我手中的权力是党和人民给的，只能用于维护党和人民的利益。我们党处于执政的地位，权力很大，责任也很大。如果我们利用手中的权力，为个人小家庭谋私利，那很快会失掉人民的支持，那我们的政权也会得而复失的。"

刘少奇望着大家，诚恳地说："不能因为你是国家主席的亲戚，就可以搞特殊，就可以随随便便，不好好工作。正因为你是国家主席的亲戚，更应该严格要求自己，更应该艰苦朴素、谦虚谨慎，更应该有富贵不能淫、贫贱不能移、威武不能屈的志气。"

说到这里，刘少奇加重了语气，说："希望大家监督我，不要帮助我犯错误。"

听了刘少奇一番话，大家都觉得很有道理。有人表示一定不给少奇同志添麻烦，分散他的精力；有人表示要立即赶回原工作岗位去，干好本职工作；有人表示要向少奇同志学习，严于律己。

一次家庭会议，让亲人们知道了刘少奇的所思所想。在刘少奇看来，当选国家主席只是党和人民对他的信任，只不过是自己的肩上又增加了一份为人民服务的职责。一次家庭会议，也让大家懂得了一个道理："不能因为你是国家主席的亲戚，就可以搞特殊！"

（杨志强　撰稿）

刘少奇：
"你们在乡下种田吃饭，那就是我的光荣"

新中国成立后，刘少奇担任中央人民政府副主席的消息很快传到了家乡。乡亲们欢天喜地，奔走相告。他们以为，刘家"九满"当了"大官"，这下"朝里有人"了，"一人得道，鸡犬升天"，今后找刘家"九满"求个官职或者办点事应该都没有问题。

不久，刘少奇收到了一封信，是他七姐刘绍懿写来的。刘绍懿比刘少奇大两岁，因年纪差不多，因此姐弟俩小时候感情格外好。后来，七姐嫁到一个地主家庭，生活衣食无忧。在新中国成立初期废除封建土地制度的土地改革运动中，她的家庭受到影响，土地财产被分，不仅失去了优厚的生活条件，还需要靠自己的劳动养活自己。刘绍懿有些想不开，她觉得如果在过去，弟弟做了这么大的官，自己理应跟着进京享福。可是现在不但没有占到什么便宜，还要从事那些十分粗鄙的劳动，内心不免有很多怨气。于是她就给弟弟写信求助。她在信中说："我在塘边，一边打水一边想，我弟弟在北京做大官，可是我在这里打水……"

刘少奇看完七姐的来信，明白了她的意思，七姐是对于现在生活不满意，希望他能利用权力帮帮忙，打声招呼。本来，只要刘少奇向有关方面打声招呼，就可以照顾到姐姐。可是他并没有这么做。刘少奇说，中国共产党是为人民服务的，它的权力是人民给的，只能用来为人民谋福利，而不能用来给自己或家人谋私利，他希望七姐在新社会里能够好好改造自己，争取做一个自食其力的劳动者。

刘少奇给七姐回了一封长信，一方面回绝了她的要求，一方面劝导她，希望她能够摆脱过去那种"一人得道，鸡犬升天"的落后思想。他写道："你们不要来我这里，因我不能养活你们。我当了中央人民政府的副主席，你们在乡下种田吃饭，那就是我的光荣。如果我当了副主席，你们还在乡下收租吃饭，或者不劳而获，那才是我的耻辱。你们过去收租吃饭，已经给了我这个作你老弟的中央人民政府副主席以耻辱，也给了你的子女和亲戚以耻辱。你现在自己提水做饭给别人吃，那就是给了我们以光荣。你以前那些错误的老观点，应完全改正过来。"

为了使七姐能适应新社会，也让她生活好转一些，他给七姐提出了一些建议。他先是说明了土地政策，"退押的事，你们已退出一些，如再无法退，可请求农会免退。中央已令各地停止退押，退不起的，可以不退押了。到秋后，你们把田山屋宇交给农会分配就是了。"他还特别嘱咐道："必须把田山屋宇及树木等等好好保存，不要损伤，犁耙锄牛好好保护，不要破坏和出卖。"为了能让姐姐今后有所依靠，也能够凭借自己的劳动过上吃饱穿暖的好日子，他建议："你们以后应该劳动，自己作田，否则，你们就没有饭吃。今年，如果佃户和农会愿意让几亩田给你们作，你可以请求佃户和农会让出一点田作。如果农会佃户不肯让，你们只有揽零工作，或将家中的肥料送给佃户，帮助佃户伙种，请求佃户把多收的粮食分点给你们，作为你们肥料和人工的报酬。在今年分田以后，农会还会分几亩田给你们自己作的，以后你们就作田吃饭。"刘少奇虽然没有给姐姐什么特殊照顾，可是字里行间中满含关切之情。

原本想获得身居高位的弟弟"撑腰"的姐姐，结果受到弟弟的批评教育。这件事，使家乡人和刘家亲属很受触动，他们明白了：共产党的干部是不会利用党和国家赋予的权力徇私情的。刘少奇也在家乡人心中树立起廉洁自守、公正无私的光辉形象和良好家风。

（杨志强　撰稿）

刘少奇：
"不要因为是我的孩子，就迁就他们"

1959年5月10日，刘少奇邀请女儿刘平平和儿子刘源就读的北京第二实验小学的陶淑范、褚连山等老师到中南海家中作客，鼓励他们安心教育工作，希望他们对干部子女严格要求，不搞特殊化。

老师们来到刘少奇家时，他正在开会还没回家。王光美先领着几位老师看了看孩子们住的屋子。屋子里的陈设虽然非常简单，但却收拾得干干净净，木板床上铺着布制被褥，书柜里的书籍摆放整齐有序，壁橱里的衣服叠得平平整整。王光美介绍说，衣服都是孩子们自己洗完叠好的。老师们听后都非常惊讶。

不久，刘少奇开完会回家，他热情地同老师们一一握手，感谢老师们对孩子们的教育。他诚恳地说："孩子们在你们学校读书，给老师们添了不少麻烦。"

老师们落座后，刘少奇询问了老师们的基本情况，当老师们说到生活和工作情况都不错时，他高兴地笑了。

当说到孩子们的教育问题时，刘少奇说："平平和源源是我的孩子，你们的学生。中国有句老话说，'养不教，父之过；教不严，师之惰'。今天请你们来，就是商量如何配合共同教育平平、源源的问题。"

他接着说："我工作忙，你们召集的家长会议，虽说都是光美去参加的，但我们的意见是一致的。就是希望你们把我的孩子当作你们自己的孩子去严格管教，不要因为是我的孩子，就迁就他们，照顾他们，那样对他们是不会有什么好处的。"

随后，刘少奇谈到关于教育孩子的观点，他说："教育孩子有个配合问题，家庭、学校和社会要共同承担起教育的责任，要互相紧密配合起来，只有这样，孩子们才能沿着正确的方向努力，才能成为对社会有用的人。如果我们配合不好，一方严格，一方溺爱，孩子的教育就会出现问题。"

刘少奇向老师们询问起孩子们在校情况，他恳切地说："请你们说实话，他们好就是好，差就是差。我虽是他们的家长，可是没你们接触得多，了解得多。"

孩子的班主任回答说："平平和源源在学校里学习都很努力，他们生活很俭朴，对老师们也很尊重，也能团结同学，积极参加各项活动。"班主任特别强调说："我们知道您对孩子们要求很严格，他们有缺点错误时，我们也敢批评，没有顾虑，从不护短。"

听到老师们这么说，王光美高兴地说："做父母的没有不爱自己孩子的，但溺爱和娇惯，实际上是害他们，是对他们不负责任的表现。你们能严格管理平平和源源，我们非常感谢。"

老师们感慨地说："两个孩子的勤俭和朴实在学校是出了名的。真没想到国家主席的孩子居住环境是这么俭朴，简直和我们孩子没有什么两样。"

刘少奇接过话头说："勤俭是一种美德。不要说我们的国家还很穷，就是将来我们的日子好过了，也还要提倡勤俭节约，学校和家庭要从小培养他们的劳动观念和集体主义思想。"

这次中南海之行，让老师们深切地感受到刘少奇的严明家风对孩子们的影响。多少年后，刘源回忆那段童年时光，不禁感慨地说："父亲对我们一直是很严的，从小就给我们定了严格的要求。"

（杨志强　撰稿）

刘少奇：
"对于小孩子，一是要管，二是要放"

刘少奇家是个大家庭，他有九个子女，怎样教育好孩子，使他们健康成长？刘少奇提出："对于小孩子，一是要管，二是要放"。

管什么？"不好好学习要管，品德不好要管，没有礼貌也要管。"放什么？"能够培养他们吃苦耐劳精神的事情，能使他们经受风雨见世面的事情，都要大胆地放手让他们去干，提高他们的自治能力，这样有时可能会跌跤子，但对他们健康成长是会有帮助的。"

刘少奇对子女们在政治上的要求非常严格。1951年2月，正在中国人民大学读书的大女儿刘爱琴党员预备期已满，党支部准备讨论她的转正问题。刘少奇知道后，给学校写了一封信，说刘爱琴生活上还不能艰苦朴素，遇事还不能从人民的利益出发，政治上还不够成熟，没有完全达到一个合格的共产党员的标准，不同意转正。

就这样，党支部取消了刘爱琴的预备党员资格，并向她转告了父亲的意见。当时刘爱琴觉得"父亲的严格要求，几乎让人受不了"，但她没有气馁，继续勤奋学习、磨炼思想。刘少奇看到女儿的进步，不时加以勉励。刘爱琴大学毕业后，分配到国家计委机关工作。1958年，她响应国家号召，主动请求支援边疆，被分配到内蒙古自治区计委工业处工作，得到了父亲的嘉许。几年后，刘爱琴光荣入了党。刘少奇知道后，又一次勉励她"不要满足现有的成绩，还要继续不断地进步，使成绩得到巩固和发展。"父亲对自己的严中有爱，让刘爱琴永远不能忘记。

刘少奇很重视子女们的理想信念教育。1963年四五月间，他出访东南亚四国期间，正逢女儿平平14岁生日。5月9日，他和妻子王光美写信给平平，祝贺她14岁生日。信中写道："我们希望你在满14岁以后，认真地考虑一下：你到底要做一个什么样的青年？""我们希望你能决心做个进步的、革命的青年，具有远大的共产主义理想，具有雷锋式的平凡而伟大的共产主义精神，能够真正继续承担起革命前辈的革命事业。现在学习要认真、刻苦，热爱劳动，虚心学习别人的优点，关心集体，关心国内外大事，为了人民和集体，可以有所牺牲，并且注意锻炼身体。将来，党和人民需要你做什么，你就可以做好什么工作。"这年12月21日，刘少奇同子女们谈话，教育他们要立大志，要有远大的目标和理想，自觉地站在时代潮流的前面，促进人类历史向前发展。他说：只有这样，人的一生才会感到有意义，心情才会舒畅，在困难面前才不会悲观失望，永远保持革命的乐观主义精神。

为了让孩子们切身体会革命胜利的来之不易，1964年夏，刘少奇邀请参加过安源罢工的工人代表袁品高来北京家中做客，并请他给孩子们讲安源工人的斗争故事，用这种方式对孩子们进行革命传统教育。袁品高见孩子们穿着打了补丁的衣服，并且听说他们上学不是走路就是骑自行车时，感慨地说："这都是少奇同志言传身教的结果啊！"

注重培养子女们的独立生活能力和坚毅的品格，是刘少奇教育方法的一个特点。1965年夏天，王光美在河北省定兴县搞"四清"。一天，刘少奇让年仅15岁的平平给妈妈送一封信，并说不能让叔叔阿姨们帮忙。他专门叮嘱身边工作人员不能帮平平买车票，不能用车子送她，更不要告诉王光美或工作队派人去火车站接她。当平平乘火车到达定兴县，站在王光美面前时，在场的人都抢着问："平平你怎么来的呀？""是谁送你来的？"平平自豪地说："是我自己来的，谁也没有送，我爸爸让我这样做的。"大家一听，都称赞刘少奇育女有方。

　　刘源是刘少奇的小儿子，在他上中学时，每年暑假，刘少奇都安排他到部队锻炼。开始时，刘源出于新奇，很是高兴，可时间一长，就感觉到有些吃不消了。当时正赶上军队开展大比武，刘源被选为特等射手，编入尖子班，和战士们一样托着砖头练射击，顶着烈日练刺杀，累得腰酸臂疼。刘少奇鼓励他克服困难，坚持锻炼。刘源在部队过了三个暑假，培养了吃苦耐劳、遵守纪律的作风。

　　该管的管，该放的放。在刘少奇的言传身教下，孩子们一个个早早养成了独立生活的能力和独立思考的习惯。无论在什么时候，孩子们始终记住了父亲的教导——"爸爸是个无产者，你们也一定要做个无产者。爸爸是人民的儿子，你们也一定要做人民的好儿女。永远跟着党，永远为人民。"

（杨志强　撰稿）

刘少奇：
"这是我家的钱柜"

刘少奇常常说：每一个共产党员，都应该以艰苦朴素为荣，以铺张浪费为耻。即便是国家领导人员的生活水平也应该接近人民的生活水平，不要过分悬殊。刘少奇家生活方面很注意节省，家里10多口人的生活，全靠他和王光美的工资，此外经常要接济一些亲戚、烈士的子女，因而生活上并不宽裕，常常捉襟见肘。

1963年，王光美到河北蹲点调研。她走后第三天，刘少奇把秘书刘振德叫到办公室，交给他一个木盒子："振德同志，现在要请你办这些事了。"

"这是什么东西？"刘振德好奇地问。这个小木盒有些陈旧，约30公分长、20公分宽、10公分厚。

"这是我家的钱柜。"刘少奇又递给他一张单子："光美走时留下了一个开支单子，每个月发了工资，你就照她那个单子分配一下就是了。等她回来，你再向她交账。"

接过盒子和开支单子，刘振德半开玩笑地说："柜子里有多少钱，要搞清楚，不然将来给光美同志交账时说不明白，我也要落个'四不清'干部了。"他边说边把盒子端到一边，打开盖子一看，就像一个杂物盒，什么东西都有：各式各样的票证、缝补衣服所需的棉线、钢针和纽扣，还有一些零钱。

刘振德清点了一下，"总共23元8角。"

回到办公室，刘振德仔细阅看王光美写的开支清单：

1. 给卫士组100元，为少奇同志买烟、茶和其他日用品；
2. 给郝苗同志（厨师）150元，全家人的伙食费；
3. 给赵淑君同志（保育员）工资40元；
4. 给外婆（光美母亲）120元，作为5个孩子的学杂费、服装费和其他零用钱；
5. 少奇同志和我的党费每月交25元；
6. 每月的房租、水、电等费用40元。

根据清单，每月支出需475元，而刘少奇和王光美两人工资加起来才500多元，结余很少。刘振德这才明白，为什么刘少奇家生活如此俭朴。因为每一笔支出都必须精打细算，稍不注意就会入不敷出。

刘振德认真整理了"钱柜"里的票据，有粮票、布票、工业券、副食本等等。正纳闷为什么要留这些过期票证时，他忽然想起之前听王光美说过，少奇同志要求，凡是需要凭票购买的商品都要告诉他，凭票的范围增加或减少也要及时告诉他，并且要让他亲眼看看票证。刘少奇正是通过这些小小的票证，及时了解到物资生产和供应的最新情况，时刻关注经济的发展和人民生活的变化。

"钱柜"里还有些针线、纽扣，这是王光美用来缝补衣服的。因为刘少奇家经济紧张，大人和孩子都很少买新衣服，衣服破了，纽扣掉了，就缝缝补补，小一些的孩子总是要穿大孩子剩下的衣服。有一次，大女儿刘爱琴买了条新绒裤，刘少奇狠狠地批评了她，说她不知勤俭节约。刘少奇穿的都是普通的布衣，有的由于年久，都洗褪了颜色，衬衣总是穿到无法再补了才肯换新的。他有一件蓝灰两色的羊毛衫，袖口和扣眼已经破烂，衣服的里外两面总共有20多个小洞，就连六粒纽扣也是各色各样。

在刘振德掌管这个"钱柜"期间，刘少奇要他给自己在新四军时的警卫员凌代英50元。可当时"钱柜"里的钱所剩无几，如果拿出这笔款子恐怕就会出现断档。恰好王光美因公返京，刘振德立刻向她汇报。王光美笑着说："怎么样，财政大臣不好当吧？"刘振德感慨地说："真不好当，每天就像坐在火山尖上，时刻都得提高警惕。"后来，还是王光美想办法才把这笔钱周转出来。

刘少奇通过以身作则和率先垂范，潜移默化地感染和教育着子女及身边人，使他们认识到，艰苦朴素、勤俭节约是一种美德。

（杨志强　撰稿）

朱德：
大家庭里的大家长

"家和万事兴"。朱德出生、成长在一个大家庭，对于家庭责任感十分看重。新中国成立后，朱德一家十几口人共同生活，和睦相处，这些都得益于长期以来朱德率先垂范的敬老爱幼的家风。

对于祖辈，朱德极其尊敬。祖母"事无巨细，皆躬自纪理无遗绪""内治殊谨严，令子侄皆以力事事"的治家之道深深地影响了朱德。1918年6月，祖母90寿诞，军务缠身的朱德不能回乡拜寿，便邀泸州各界人士赠诗文以庆祝。12月，祖母去世，朱德将吊唁的诗文及之前祝寿之文汇编成《朱母潘太夫人荣哀录》，记录并传承祖母之遗风。

对于父辈，朱德始终挂念，竭力尽孝。1919年秋，朱德将全家二十几口人接至泸州生活居住。后来到了云南，家里的"叔叔们经常有人来，来了就给三百五百带回去。"1937年，为革命与家人失联十年的朱德终于打听到了生母与养母的境况，身无分文的他寄信前妻陈玉珍，希望她"将南溪书籍全卖及产业卖去一部，接济两母千元以内，至少四百元以上的款，以终余年"。但陈玉珍此时也身无分文，难以为继。无奈，朱德给同乡好友戴与龄写信，"以好友关系向你募二百元中币速寄家中"。1944年2月，朱德生母钟太夫人病逝。3月，朱德得到消息，十分沉痛。康克清回忆道："他给我看了家乡的来信，好半天没有说一句话。"过了好久，他才轻轻地对康克清谈到他母亲的一生和对他的影响。此后，为悼念母亲，他一个月没有刮胡子。4月5日，朱德在《解放日报》上发表了情真意切的《母亲的回忆》一文，将对母亲的思念、感恩和不舍描写得淋漓尽致，并且将对母亲的孝升华到对党、国家、民族的孝。他写道："我用什么方法来报答母亲的深恩呢？我将继续尽忠于我们的民族和人民，尽忠于我们民族和人民的希望——中国共产党，使和母亲同样生活着的人能够过快乐的生活。"

对于后辈，朱德关怀备至，但是这种关怀却并非溺爱，是为了引领他们走上正道。1937年9月5日，朱德在给家人的一封书信中问，"理书（朱德二哥之子）、尚书（朱德大哥之子）、宝书（朱德之子朱琦）等在何处？""如理书等可到前线上来看我，也可以送他们读书。"在9月27日的信中，他进一步问到几个子侄的情况，并希望家人"设法培养他们上革命战线，决不要误此光阴。至于那些望升官发财之人决不宜来我处，如欲爱国牺牲一切能吃劳苦之人无妨多来"。针对家人希望能投靠朱德的想法，朱德表示："以后不宜花去无用之钱来看我，除了能作战报国的人外均不宜来。我为了保持革命军队的良规，从来也没有要过一文钱，任何闲散人来，公家及我均难招待。"11月6日，朱德又致信家人，希望家人们"独立自主地过活，切不要依赖我"。

虽然朱德对于家人的严苛近乎"绝情"，但他却从未忘记他们。新中国成立后，朱德让兄弟姐妹各家送一个孩子来北京上学，所有费用全部由他承担。同时，朱德还将自己的孙辈们接过来一起生活。与儿时一样，他的家又变成了一个大家庭，总共十几口人。平时，孩子们在学校学习，到周末都从各自的学校回到朱德的家中。这么多人，最多的时候吃饭要开三桌，床上睡不下就打地铺。虽然朱德的工资不低，但是抚养这么多孩子，学费、生活费、交通费，还有每周回家的伙食费等等，一个月下来就所剩无几了。这让朱德的生活压力陡增，但他始终没有公开自己的困难，还多次主动要求在国家经济困难时期给自己降薪。

为了能渡过难关，他还自己开垦了一块地种菜，带着孩子们拿着锄头、铁锹、盆、桶去劳动，自己动手解决粮食难题。在他的抚养下，这些孩子都健康地成长起来，成为新中国建设中急需的人才，在各行各业做出了自己的贡献。

尊老爱幼是中华民族的传统美德。朱德认为，共产党人和其他人一样，都应遵循养亲教子的古训。

（左智勇　撰稿）

朱德：
"勤俭建国，勤俭持家，勤俭办一切事业"

"从俭入奢易，从奢入俭难。勤俭建国家，永久是真言。"艰苦朴素、勤俭节约是朱德终其一生都在坚守和倡导的家风。1960年10月30日，朱德写下这首诗，希望后代能永远勤俭朴素。

新中国成立后，一些青年受了资产阶级思想的影响，既不知道过去的艰苦，也感受不到今天的幸福。朱德指出，"这是一种最危险的现象"，"对于一些尚未成年的少年儿童，也应该加强勤俭教育，特别是对于一些家庭生活比较富裕的少年儿童，这方面的教育更为迫切需要。"因此，他提出要坚决贯彻中央提倡的勤俭持家号召，并且认为主要应当从勤劳生产、厉行节约和有计划地安排家务开支等三方面来努力。作为勤俭持家的典范，朱德也把这些家风传递给了自己的子女。

朱德非常重视培养孩子们的劳动意识。每当孩子们在星期天回到家中，朱德都要他们接替服务人员的工作，让他们休息。他还经常带孩子们到地里劳动，学习刨地、下种、施肥和管理。他经常对孩子们说："你们是劳动人民的子弟，不热爱劳动，不艰苦奋斗，怎么能够为人民服务呢？现在不热爱劳动，将来就要厌恶劳动，就要脱离人民。你们可要从思想上重视劳动，向工人、农民伯伯们很好地学习啊！"1963年12月26日，朱德还给儿子儿媳题词："努力学习马列主义、毛泽东思想，坚决反对修正主义，发奋图强，自力更生，勤俭建国，勤俭持家，勤俭办一切事业，做一个又红又专的接班人。"写完后，朱德嘱托他们说："给你们写了，不是让你们挂在家里好看，而是要你们照着去做。"孩子们记住了朱德的话，把它作为座右铭，终身奉行。

对于孙辈们来说，他们印象最深刻的就是朱德常说的一句话：粗茶淡饭，吃饱就行了；衣服干干净净，穿暖就行了。在他们的眼里，爷爷从住处摆设到衣着饮食，都十分俭朴，除了迎宾服外，几乎没有一件新一点的衣服，大多是褪了色的，打了补丁的，甚至有的内衣也是两件拼成一件的。朱德常对孩子们说："衣服被子只要整齐干净，补补能穿能盖就行，何必买新的？给国家节约一寸布也是好的。这比战争年代好多了，那时一件衣服要穿好多年。"就这样，朱德一生积攒下来近两万元"财富"，但却交代在他去世后作为党费上交组织。女儿朱敏说："这来之不易的积蓄是爹爹用近似'虐待'自己的方式才换取而来的。""父亲生前虽没有留下更多的财物，但他却给我们后代留下了一个无产阶级革命家功高不自居、位高不自私、德高不自显这样高尚的革命精神和无产阶级革命家的高贵品德，这是最宝贵的精神财富。"

在朱德的要求和影响之下，孩子们的生活也极其简朴。衣服总是大孩子穿了后再留给小的穿，破了缝缝补补继续穿；鞋子通常是从军队后勤部门买来的战士上缴的旧鞋。孩子们从九岁起就自己锻炼洗内衣内裤，逐步做到生活自理。

朱德还十分注意教育子女学会管理财务。他说："不要小看给钱的问题，如不注意，钱给得多了，实际上是害了他们。他们都有工作，有收入，能生活就行了，要那么多钱干嘛？孩子们对过去的苦难不知道，钱给多了，可没有好处！"他让工作人员建立了账本，并亲自检查这些开支，严格控制家庭日常开销。他还把这个做法推广到了女儿家里。

女儿朱敏一直在苏联学习，因为那边是供给制，从不知道该怎么花钱。等她回国参加工作后，却不会自己管理生活。每个月工资发下来，不会计划着用，经常是一个月的工资半个月就花光了。这个时候她没办法了，只能去找朱德。朱德见此情况，不由得笑了起来："怎么？老师同志，成了穷光蛋了，工资一个人花还不够？别人一大家子的日子怎么过呀？照你这个花法，不是要把家人的脖子都扎起来了。你的毛病是没有计划性，以后爹爹帮你制定开支计划，要养成良好的用钱习惯。"这之后不久，朱德给朱敏搞了个详细的开支表，比如每月的伙食费、水电费、书报费、衣物费、杂支、零花等等，一项项非常仔细。朱敏按照这个开支计划用钱，就再没出现过"财政危机"。渐渐地，她也养成了节省的习惯，这个习惯一直伴随着她一辈子。

"我们要怎样才能把我们的家业创立起来呢？要靠勤劳，还要靠节俭。勤俭是我国劳动人民固有的美德。"朱德就是这样把中国的传统美德变成自己的家风一代代传承下去的。

（左智勇　撰稿）

朱德：
"我不要孝子贤孙，要的是革命事业的接班人"

朱德曾对家里的孩子们说：要尽到我们的责任，把你们培养成为无产阶级革命事业的接班人！"要接班，不要接官，接班就是接为人民服务的思想和本领。现在还有这样的人，只想着自己的名誉、地位，这样的人早晚要被人民打倒。"

1969年，外孙刘建初中毕业。他响应毛泽东提出的"知识青年到农村去，接受贫下中农再教育"的号召，和同学们去黑龙江生产建设兵团。当刘建征求外公的意见时，朱德非常支持他的选择。他说："中国是个农业大国，七亿人口中，六亿是农民，不了解农村，不了解农民，就不懂得革命。"他还严肃地对刘建说："到部队后，要服从命令，听从指挥，组织上让干什么就干什么，如果让你去养猪喂马你干不干？养猪喂马也是为人民服务，也要干好。""不要在别人面前摆架子，不要当'兵油子'。"

在黑龙江双鸭山农场，刘建果真被分配去养猪了。那时刘建只有16岁，体力不够，挑不动猪食，经常把泔水洒在身上。艰苦的生活条件，让他的思想产生了动摇。于是，刘建就给家里写信，希望调回北京。朱德并没有因外孙"受苦"而心疼，而是马上回信对他进行了严肃的教育："干什么都是为人民服务，养猪也是为人民服务，怕脏、怕苦、不愿养猪，说明没有树立起为人民服务的思想。为人民服务就不要怕吃苦。劳动没有贵贱高低之分。想调回来是逃兵思想。"他劝刘建："遇到一点小小的挫折，就想打退堂鼓，正说明你非常需要艰苦生活的磨炼，只有这样，才能真正培养起对劳动人民的思想感情。"在朱德的教育和鼓励下，刘建克服了怕苦、怕累、怕脏和想家的思想，工作积极了，热爱本职工作了，思想、工作、学习都有了不小的进步。

朱德不但要求孩子们要确立为人民服务的思想，同时也希望他们传承中国传统的孝道。戎马倥偬的朱德，一辈子"最大的遗憾大概就是母亲去世的时候，我未能在她老人家身边。"但他却把对于父母的孝上升到了家国的层面。他曾说过："我违背了古代相传的孝道，可是自觉对家庭的忠诚，应该服从于更大的忠诚——对国家和全体人民的忠诚。"同样，他也把这一点作为对后辈的要求。

朱德的孙子朱全华在青岛海军某部当兵。1974年6月，朱全华的爸爸，也就是朱德唯一的儿子朱琦去世。儿媳赵力平考虑到朱德身边没有个孩子照顾，就跟朱全华所在部队的首长提出要求，希望有机会把他调到北京工作。部队首长出于对朱德的热爱，满足了她的要求。朱全华回北京工作后的头一个星期天就去看望爷爷奶奶。一进门，朱德就问他："你怎么回来了？是出差，还是开会？"朱全华没敢告诉朱德自己调动工作的事，只说暂时回北京海军某部帮忙。两个月后的一个星期天，他又去看望朱德。朱德把他叫到自己的房间里，严肃地对他说："你在海军帮忙，帮多长时间，怎么不走了，是不是调到北京来了？"朱全华看瞒不住，只得低头承认了。朱德非常不高兴。他找了个机会，把海军首长请到家里来，了解了孙子调到北京的经过，然后对他说：你们还是把他调到部队基层去锻炼吧。"我不要孝子贤孙，要的是革命事业的接班人。哪里来的，还应该回哪里去！"在他的坚决要求下，朱全华被调到南京的一个部队基层单位去工作。调令下来的当天，是腊月二十九。朱全华回到家里，去跟爷爷汇报。朱德满意地说：应该走出机关，到基层去锻炼，这对你的成长大有益处。朱全华又提出想过完春节再走。朱德严肃地说："不行！一个解放军战士，必须坚决服从命令听指挥，严格执行纪律，大年三十也要走，在那里和同志们一起过春节更有意思。"就这样，朱全华在农历大年三十离开了北京。

（左智勇　撰稿）

朱德：
搞特殊化是"万万要不得"的

作为党和国家领导人，朱德"历来听党安排，派什么做什么"。而作为家长，朱德却对后辈有着严格的要求。他绝不允许孩子们有一点比别人特殊的想法和表现。在他看来，搞特殊化是"万万要不得"的。朱德跟家人约法三章：不准搭乘他使用的小汽车；不准亲友相求；不准讲究吃、穿、住、玩。

儿子朱琦曾经在战斗中负伤，导致右脚残疾。1948年，当朱琦转业到铁道部门工作时，朱德就嘱咐他："必须服从组织分配，不要任何特殊照顾。""你对部队工作比较熟悉，到地方就不同了。你应该到基层去锻炼，从头学起，踏踏实实地干下去才能学会管理工作的经验。"按照朱德的要求，在部队已是团级干部的朱琦分配到了石家庄铁路局后，先是当练习生，后来当火车司炉工和司机，真正从一名普通工人干起来。

朱琦严格要求自己，以至于许多和他在一起战斗、工作过多年的同志都不知道他是朱德的儿子。有一次，朱琦刚上班，铁路领导就告诉他，今天开车是执行一项重要政治任务，一定要完成好。那天，朱琦和机车机组的几个同志精心操作，把列车开得又快又稳，圆满完成了任务。列车到站以后，铁路领导告诉朱琦，首长要接见他，让他赶快去。朱琦没来得及换衣服就去了。到了接待室一看，接见他的是父亲朱德。尽管朱琦穿着司机工作服，两手油污，满脸汗水，但父子相见，格外高兴。朱德握着朱琦的手说："好！好！你学会了开火车，学到了本领，就能更好地为人民服务。"当朱琦临走时，无意中看见自己坐过的沙发上留下一块黑印子，很抱歉地笑了。朱德见他那难为情的神情也笑了，忙说："没关系。"接着，朱德又教育朱琦说："希望你继续努力学习政治，技术上也要精益求精，不要满足现状，要谦虚谨慎，工作上要踏实认真。"朱琦始终牢记父亲的教导，勤勤恳恳地工作，在铁路部门一直工作到病逝。

1954年国庆，按照惯例，党和国家领导人要登上天安门城楼和首都人民一道庆祝节日。战争时期，女儿朱敏一直生活在苏联，并在第二次世界大战中受尽磨难。这一次她听说朱德要去天安门城楼，就想和他一起去。没想到，朱敏刚一说出这个想法，朱德就生气了，说她不懂事，庆祝活动是中央的集体活动，怎么能带子女？朱敏委屈极了，她哭着说："我们在莫斯科时，每年苏联国庆日，斯大林都邀请我们几个中国留学生上红场观礼台，我在中国倒不能参加自己的国庆节？"朱德一听更加生气，他说："你住口，你怎么能这样比较？斯大林请你，因为你是我的女儿，是苏联的客人，那是出于外交礼节，出于一个国家对另一个国家的尊重。可现在你是在中国，不是客人。如果要参加国庆活动，你可以去天安门广场，和那里的群众一起联欢。天安门城楼是党和国家领导人活动的地方，不是你们去的地方！以前你是孩子，我能带你去，可你现在是大人，是学生的老师，必须严格要求自己才对。"说完，就起身走了。

中午，朱德从天安门城楼回来，看见朱敏还在生气，就跟她说："朱敏，我知道你还在生爹爹的气，爹爹也想了，上午对你的态度是严厉了些，你可能觉得委屈。不过，你想了没有，其他普通人家的孩子能去天安门城楼吗？因为爸爸的关系你可以和其他普通人不一样，结果会怎样呢？只会增添你的特权思想。我们是共产党人，是为人民服务的政党，不是封建王朝一人得道鸡犬升天的时代。你要记住一点，你是一个普通的人，和所有普通人一样，要自食其力。爸爸讲的道理，你能明白吗？"

这番话，让朱敏意识到一个以前从没有思考过的问题：我们这些中国领导人的子女在社会中应该拥有什么样的位置？是特殊阶层还是普通阶层？当自己毫不犹豫选择社会普通一员的位置，那么就必须享受普通人的待遇。朱敏从这件事中掂量出了朱德的生活原则和做人准则。此后，她再也没提出过这类要求，在朱德的有生之年她也没有再陪他上过天安门城楼。朱敏后来谈道："正因为当初爸爸没让我享受特殊的生活，让我和普通人一样生活和工作，才使我今天能拥有普通人幸福的生活和普通人那金子般的平常心。"

朱德特别强调，要把子女后辈培养成合格的接班人，而绝不允许自己的子女后辈利用自己的地位和声望享受特权，因为在他看来，干部子女有了特殊化的思想，就是变质的开始。

（左智勇　撰稿）

朱德：
别开生面的家庭集体学习

朱德出生在山沟里，全家为培养出一个读书人来"支撑门户"，节衣缩食送朱德外出求学，从而改变了他的命运。正是因为如此，朱德十分重视学习，他常用"革命到老，学习到老，改造到老"鞭策自己，并且强调"不学习就会落后，就不能跟社会一道前进"。朱德不但自己坚持学习，而且还教育子女好好学习。

1943年10月，朱德给远在苏联国际儿童院的女儿朱敏写信，嘱托她"在战争中应当一面服务，一面读书，脑力同体力都要同时并练为好。""望你好好学习，将来回来做些建国事业为是。"让朱德没有想到的是，当年8月，朱敏同儿童院的部分儿童被纳粹德国送进集中营做苦工，直到1945年德国投降后，朱敏重新回到儿童院，才读到父亲的这封信。新中国成立前后，朱敏还在苏联学习，每次回国朱德总要问她是不是学习了毛主席著作。由于朱敏在国外生活的时间较长，中文水平差，朱德就抽出时间，让她坐在身边，扳着她的手，一字一句地给她读毛泽东的《论人民民主专政》《新民主主义论》等著作。一边读还一边给她讲解文章的重要内容和难懂的字句。通过学习毛泽东著作，朱敏懂得了很多革命道理，逐渐树立了革命人生观，并且成为一名光荣的共产党员。

当子女们陆续参加工作后,朱德对他们说:"你们都独立了,生活也很不错了,今后在生活上不再帮助你们了,但是马列著作,我还是给你们买。"朱德第一次见儿媳赵力平时,送给她的礼物就是一本毛泽东著作。朱敏结婚时,朱德送给她的礼物也是刚刚出版的《毛泽东选集》。

朱德还利用一切机会组织家庭集体学习,将每次的家庭聚会变成了学习日。每当节假日,子女们去探望朱德和康克清时,朱德就对他们说:大家都有工作,凑在一起不容易,要利用这个机会,大家在一起学习毛主席著作,交流学习体会。因此,逢年过节时,就成为全家集体学习的时候。

1975年春节前夕,《人民日报》社论公布了毛泽东关于理论问题的重要指示。农历大年初一,吃过早饭,朱德就把全家召集到一起,对大家说:今天咱们过个革命化春节,大家在一起学习毛主席关于理论问题的重要指示。他还对儿媳赵力平说:"力平,你当组长。"赵力平说:"还是爸爸当组长。"朱德说:"你当组长,我给你组织。"于是,全家采用一个人读大家听,读一段讨论一段的方法学习起来。朱德戴着老花镜,手里拿着红铅笔,聚精会神地边看着书边听,读到哪里,红铅笔就点到哪里。讨论时,朱德摘下老花眼镜,兴致勃勃地仔细听着每个人的发言。大家遇到不懂的问题,朱德就耐心地给他们讲解。就这样,一直学到吃中午饭。下午,朱德又带领全家继续学习,直到把毛泽东关于理论问题的重要指示全部学习了一遍,他才让孩子们出去玩。

还有一次,朱德组织全家学习毛泽东的著作《实践论》。子女们说:这篇著作我们学过多遍了。朱德及时抓住这个问题,语重心长地对大家说:"毛主席的书写得好,知识分子可以看懂,工人、农民也可以看懂,但要真正理解毛主席的思想,则要反复学习,刻苦钻研。学习的目的是为了指导革命实践,过去好多人之所以犯错误，就是因为理论与实际相脱离。学习毛主席著作要在学懂弄通上下功夫，在指导革命实践上用气力。"说完，他又带领全家学起来，边学边给大家讲解这篇著作中的基本观点，有时还提出问题让大家讨论，或者给大家解释。这次学习不仅让孩子们对于《实践论》有了许多新的收获，而且还进一步明确了学习的目的，提高了学习和实践毛泽东思想的自觉性。

朱敏后来回忆说，"每当我看到孩子们围着我父亲聚精会神学习的时候，我就油然想起当年父亲手把手教我读毛主席著作的往事。父亲言传身教，勉励我们勤奋学习马列主义、毛泽东思想的教诲，我们将永远铭记，并世世代代传下去。"

（左智勇　撰稿）

邓小平：
"家庭是个好东西"

2016年12月12日，习近平总书记在会见第一届全国文明家庭代表时发表讲话，希望大家注重家庭，他指出："家庭是社会的细胞，家庭和睦则社会安定，家庭幸福则社会祥和，家庭文明则社会文明。"中国共产党人为实现共产主义而奋斗，把民族、国家、人民的利益看得高于一切，但同样非常重视家庭的作用，注重家庭和睦幸福。

想要家庭和睦幸福，需要个人用心的经营。邓小平就是这方面的典范。早在1961年，邓小平在接见参加全国省、市、自治区妇联主任会议全体同志时曾提出："家庭和睦也是经常要做的工作。要处理好的，一是夫妻关系，二是婆媳关系，三是妯娌关系，四是父母子女关系等等。"

邓小平16岁就离开了家乡广安，但他一直惦记着家乡的亲人。1950年，重庆解放不久，邓小平就将自己的继母夏伯根从老家接到了重庆，1952年又一同到了北京。从此，夏伯根便与邓小平一家生活在一起，彼此相互照顾，享受天伦之乐。在邓小平的影响下，全家人对夏伯根都很尊重，家里有点什么事，要添置些什么东西，甚至儿女的婚姻大事，都要跟她商量。有了第四代后，全家都随孙辈们一道称她为"老祖"。邓小平去世后,家人继续悉心地照料夏伯根,老人活到了101岁高龄。

邓小平有一个弟弟,两个妹妹,虽然他从不插手弟弟妹妹工作待遇方面的事情,但他也会为他们取得的每一个进步而感到高兴。"实事求是"、"无私无畏",这是邓小平80寿辰,弟弟妹妹赶来为他祝寿时,他书赠给他们的,既是叮咛,也是祝福。

在妻子卓琳的眼中,邓小平不是一个浪漫的丈夫,但却是一个真诚实在的丈夫。从1939年到1997年,他们一起相伴走过了半个多世纪。在58个风云多变的春秋中,邓小平始终爱护尊重卓琳,卓琳也始终支持信任丈夫。女儿邓林曾说过:"我没见过我爸爸妈妈吵架。我觉得我爸爸妈妈他们两个,最重要的是互相特别信任。我觉得他们两个人的关系应该是个典范。"

"无情未必真豪杰,怜子如何不丈夫。"在工作中雷厉风行的邓小平,在生活中却和天底下任何一个普通的父亲一样。"文化大革命"时期是邓小平人生中最为艰难的一段日子,被迫与儿女们分离,谪居在江西,一生鲜少写信的邓小平多次致信中央,请求解决给孩子治病、让孩子上学的问题。女儿邓榕回忆他这种一反惯常的做法时说:"'文革'中,他总觉得家人和孩子们是因为他才受到这么多的委屈和不幸,他总想尽一切可能,为家人和孩子们多做点事。估算一下,'文革'十年中,父亲所写的信,比他一生中其他80年的统统加起来,还要多得多。"

到了晚年,孙子孙女成了邓小平心中的宝贝,一时没看见谁,就要问,就要找。每当和孩子们在一起,他总是显得特别满足与幸福。邓小平不喜欢照相,但只要孩子们有要求,他立即配合。或者拿着布娃娃,或者戴个柳条帽,他心甘情愿地受孩子们的摆布。他自己曾不无幽默地说:"以后如果评'世界上最好爷爷奖'的话,我可以得这个奖。"

晚年的邓小平享受着传统中国人憧憬的"四世同堂",上有

"老祖"夏伯根，下有孙子孙女，老老少少十几口人。每天晚饭，一大家人就聚在一起边吃饭边聊天。邓小平从不发表意见，只是默默吃饭。但他喜欢这种轻松活泼、温暖融洽的家庭气氛。有时饭桌上少了几个人，大家说话少了，他就会说："哎呀！今天怎么这么冷冷清清呢？"

1992年1月27日，邓小平在南方谈话中谈及家庭问题，说："欧洲发达国家的经验证明，没有家庭不行，家庭是个好东西。""我们还要维持家庭。"

共产党人要胸怀祖国，放眼世界，要有大局观念，不能只顾家人，只恋小家，只为个人家庭谋福利。但同样，共产党人也要有正确的家庭观念，负起应有的家庭责任，用心经营家庭生活。

（叶帆子　撰稿）

邓小平：
"到了北京以后是'脚掌'"

邓小平一生为党、为国家和人民作出了卓越贡献，但他始终低调谦逊，对个人荣誉看得很淡，从不提及自己的功劳，只是轻描淡写地说自己"做了点工作"。邓小平长子邓朴方评价说："我父亲这个人很朴实，他从来不愿意宣传自己。他认为给祖国和人民做事，是一个国家领导人应该做的事情。"

邓小平对孩子们的要求也是如此。他常对孩子们说：要守法，要谨慎，名不要出得太大，要夹着尾巴做人。邓小平的几个子女小的时候，在很长一段时间里连自己的父亲是做什么工作的都不知道。

1952年7月，邓小平奉命从重庆调往北京，担任政务院副总理，协助周恩来的工作。全家人也随他一同前往北京。在飞机上，7岁的二女儿邓楠询问爸爸："在西南军区的时候，人家叫你首长，那到了北京以后，你是什么呀？"邓小平笑了笑说："到了北京以后是'脚掌'！"

到了北京以后，孩子们进入八一小学上学。那时候，八一小学大多是军队的干部子弟。由于刚刚授军衔不久，孩子们之间难免互相攀比，这个说我父亲是少将，那个说我父亲是中将。一次，有同学问邓楠，你爸爸是什么呀？邓楠并不知道父亲的职务，结果什么也说不出来，顿时觉得很自卑，认为在同学家长里，自己的爸爸邓小平大概是最小的官。一直到邓楠小学快毕业时，有一天，她跟同学聊天，一个同学突然问起："你爸爸是谁呀？"旁边另一个同学说："他爸爸是邓小平。"结果好几个同学同时非常惊讶地说："啊？你爸爸是邓小平？"邓楠这才朦朦胧胧地感觉到，父亲似乎还挺有名，但她依然不知道父亲的职务和具体工作。

对于邓小平的孙辈来说，也是如此。在他们的记忆里，爷爷奶奶是没有姓名的，从没有人告诉他们爷爷奶奶是谁，是干什么的。还是上了小学后，他们才知道了爷爷奶奶的名字，可爷爷奶奶是做什么工作的，还是没有人说过。最终孩子们还是像小时候的爸爸妈妈们一样，从学校里知道的。

为了保持低调，邓小平的四个孙辈上学的时候都没有姓邓，而是都跟着奶奶姓卓。后来，孙辈们长大了，邓小平也常常告诫他们，不要去声张自己的家庭。

名不要出得太大，要夹着尾巴做人，但不意味着可以虚度人生。邓小平虽然不要求子女孙辈们名扬天下，一定要有大出息，但要求他们能做事、会做事，要有点本事为国家做贡献。

1993年，外孙女羊羊出国留学前，邓小平对不舍得离开父母的羊羊嘱咐道："我16岁时还没有你们的文化水平，没有你们那么多的现代知识，是靠自己学，在实际工作中学，自己锻炼出来的，十六七岁就上台演讲。在法国一待就是五年，那时话都不懂，还不是靠锻炼。你们要学点本事为国家做贡献。大本事没有，小本事、中本事总要靠自己去锻炼。"

虽然邓小平对待子女和孙辈没有很高的要求，但是绝不放任，对于原则性问题决不含糊。他曾非常正式而严肃地召集家人开会，专门强调遵纪守法、严格自律的问题。

上世纪80年代的一天，邓小平突然召集所有的子女及秘书开会。等人都到齐了之后，邓小平严肃地说：现在外头对我们家有这样那样的说法，说你们在国外有存款。你们到底有没有？一个一个表态，必须表态！

等到大家都一个一个表完态，说明确实没有国外存款时，邓小平才放下心来，然后认真地告诫说，不能因为是邓小平的孩子就忘乎所以，甚至胡作非为。要遵纪守法，千万不要脱离了国家的法律范围，真要到那个时候，我也不会帮你们。

谨慎守法、低调自律、为国家和社会做贡献，这就是作为父亲的邓小平对儿女的基本要求。

（叶帆子　撰稿）

邓小平：
"国家越发展，越要抓艰苦创业"

邓小平一向提倡艰苦奋斗，勤俭办一切事情，他强调："艰苦奋斗是我们的传统"，"我们必须恢复和发扬党的艰苦朴素、密切联系群众的优良传统"。工作中，邓小平提倡不搞形式主义、反对大搞排场；在生活中，他也严格要求自己和家人，坚决主张厉行节约、反对浪费。

在广安的邓小平故居陈列馆展出的文物中有一些邓小平用过的物品。文物无言，但最能见证伟人简朴平凡的生活。在所有展出的文物中，有一块手表特别吸引人们的目光。它是中共中央上海分局书记刘晓在1949年送给邓小平的。

1949年，邓小平同刘伯承等率部队解放上海。进了上海以后，刘晓看到邓小平由于长期艰苦地行军打仗，生活方面显得很贫寒，便送给了他一块手表、一件毛衣。这块手表，邓小平一直到20世纪80年代还戴着，最后，表面严重磨损，里面的数字很难辨认，这才不得已换了块新表。

邓小平平时喜欢穿旧衣服。他的白衬衣，穿得时间太长了，领子都磨破了，经常就是补一补，实在不行了就换个领子继续穿。

有一次在杭州视察，服务员洗衣服的时候见衣服实在太破，便问邓小平身边的工作人员，这是你的衣服还是首长的衣服？得知是邓小平的衣服，服务员愣了半天，最后才说，我要不是亲眼看到，绝不会相信！

因为邓小平有每天散步的习惯，所以在家他都坚持穿布拖鞋。结果时间长了，鞋底就磨坏了，就由工作人员拿出去钉掌，再破了再钉掌。鞋里边脚跟处都磨得黄了，破了，他还是照样穿。

邓小平与外孙女羊羊有一张照片流传很广。在火车上，邓小平坐在一边看报纸，把脚架在脚凳上。结果刚好袜子上露出一个破洞，小孙女就伸手去抠那个破洞，逗爷爷玩。这都是在邓家经常发生的事情。

在邓小平的影响下，孩子们也都过着艰苦朴素的生活。小时候，孩子们的衣服都是补丁叠补丁，哥哥姐姐穿大人淘汰下来的旧衣服，弟弟妹妹则是穿哥哥姐姐淘汰下来的衣服。每个人顶多有一两件稍微好点的衣服做"门面衣服"，出去做客的时候才能穿。

即使是门面衣服，也得省着穿，卓琳想出的办法就是挽裤脚。由于孩子们长得快，跟着做裤子太过浪费，卓琳就先把孩子们的裤子都做得长长的，再把长的裤脚挽起来缝上。孩子长个儿了，再一节一节、一寸一寸往外放。所以孩子们的裤子，通常上面都已经穿久了磨白了，下面裤脚的颜色却很新。

除了穿着，在吃上，邓小平也不讲究，他吃饭从不挑食。粗粮细粮都吃，菜做得好也罢，差也罢，他都吃。即使是四世同堂以后，一大家十几个人，每顿也只是四菜一汤。

邓小平主张不能浪费粮食，所以家里的晚餐有个固定菜式叫做"大烩菜"，就是把中午吃剩下的菜做成烩菜晚上接着吃，即使是炖菜剩下的汤也要留到下一顿。遇上节日或是家人的生日，也从来不大办酒席，只是一家人聚在一起吃一顿便饭就算是庆祝了。

1989年，邓小平曾在一次讲话中强调："艰苦奋斗是我们的传统，艰苦朴素的教育今后要抓紧，一直要抓六十至七十年。我们的国家越发展，越要抓艰苦创业。"

（叶帆子　撰稿）

邓小平：
教育后代履行社会责任

孩子是希望，是未来。邓小平经常讲要从娃娃抓起，就是着眼于长远，着眼于未来。在家庭教育中，邓小平十分注重培养孩子们的社会责任感和使命感。无论带头参加植树活动，还是带头为"希望工程"捐款，他都有意识地带动孙辈，教育他们履行公民义务、关爱公益事业。邓小平用这样的行动深沉地表达着他内心的愿望：社会主义事业代代相传，每一代人都要承担起自己应当肩负的责任与使命。

1981年12月，在邓小平倡议下，五届全国人大四次会议通过了《关于开展全民义务植树运动的决议》，提出每人每年义务植树三至五棵。从1982年开始，邓小平每年都会在繁忙的工作之余，带头履行普通公民的植树义务。他强调"植树绿化要世世代代传下去"，因此，每次植树，他都要带上孙子孙女，言传身教，培养他们种树、爱树的意识和习惯，积极参与绿化祖国和生态建设。

1985年3月12日植树节这天，邓小平带着外孙女羊羊等家人到北京天坛公园植树。邓小平手把手地教羊羊执锹铲土，将土一锹一锹埋到树根上，爷孙俩再一起把一桶水小心地浇到树坑里。邓小平一边教小孙女如何植树，一边耐心地给她讲为什么要植树的道理。

1987年4月5日北京市全民义务植树日这天，邓小平再次带着外孙女羊羊等到天坛公园植树。劳动间歇，他对身旁的同志说："今天我带的这个人，已经跟着我种了6年树了"，说着又指着刚会走路的孙子小弟，诙谐地说："今天我又增加了一个新部队，羊羊的小弟弟。"在场人纷纷大笑。邓小平接着嘱咐孩子们："你们长大了要接着栽树，要从小做起。"他还郑重地对工作人员讲："要让娃娃们从小养成种树、爱树的好习惯。"

除了义务植树，"希望工程"也是邓小平带动家人参与较多的公益事业。

1989年10月，中国青少年发展基金会发起了旨在救助贫困地区失学儿童重返校园的"希望工程"，得到了邓小平的高度关注和支持。1990年，邓小平欣然题写了"希望工程"四个大字。1992年4月16日，为了动员更多的人参与"希望工程"，邓小平的题词在《人民日报》上发表，由此揭开了"希望工程百万爱心行动"的序幕。在活动进入高潮的时候，6月10日，邓小平以"一位老党员"的名义，委托身边工作人员向"希望工程"捐款3000元人民币。10月，他再一次以"一位老共产党员"的名义向"希望工程"捐赠2000元。由于工作人员拒绝透露信息，中国青少年发展基金会经多方查询，才终于了解到这位"老共产党员"正是邓小平。

除了自己带头捐款，邓小平还组织家人为"希望工程"捐款。在最初得知"希望工程"项目的基本情况后，邓小平便在家中对孙辈们进行了一次教育，为孩子们讲述了山区贫困学生求学之路的艰难，号召孩子们省下零用钱为贫困山区的失学儿童捐款。在爷爷的感召下，孙辈们纷纷主动把自己存下的零用钱拿了出来，一毛的，几分的，攒了一堆，最后攒了310块，全都捐给了"希望工程"。

在邓小平的影响下，卓琳和几个子女也都陆续多次为"希望工程"捐款。卓琳在和姐姐浦代英联名给家乡云南宣威"希望工程"捐款时曾致信说："我们虽然离开家乡数十年，但对家乡人民还是念念不忘，尤其儿童教育问题是我们最关心的事。"1994年，卓琳一次补发了4000多元工资，她一下子全都捐给了"希望工程"。不仅自己捐款，卓琳还俨然成了一个"希望工程"的"宣传大使"，经常问家里人，你捐了没有？你捐了多少？在这样一种家庭教育的影响下，1997年，邓小平的外孙女羊羊还主动报名在青少年发展基金会做了志愿者。

（叶帆子　撰稿）

邓小平和卓琳：
志同道合的革命伴侣

邓小平和卓琳1939年在延安相识相恋结为革命伴侣。从此，在超过半个世纪的岁月里，他们经历炮火洗礼，饱尝境遇沉浮，但始终革命意志不减，彼此不离不弃，为着理想携手奋斗，相依相伴走过58个春秋。

战火纷飞的年代，从太行山到大别山，从抗日战争到解放战争，邓小平率领部队每解放一个地方，卓琳随后就带着孩子们也赶到那里。进军西南时，邓小平曾考虑把家属留在后方，但卓琳坚决要跟他上前线，说："我是共产党员，你砍我的头我都得跟着你去。"

1952年，邓小平调任中央人民政府政务院副总理，全家人随他搬到北京。那时候，很多领导夫人都参加了工作。不少单位、团体也纷纷向卓琳发出工作邀请。作为北京大学物理系的高材生，卓琳胜任这些工作是没有问题的。但邓小平考虑的是党的工作大局，他要求卓琳："不要到外面工作"，还叮嘱她言行要谨慎。

卓琳理解邓小平的想法。她谢绝了这些工作邀请，选择做邓小平的秘书，负责为他管理日常文件。邓小平每天看完文件，卓琳就负责将文件一件件登记并保管好，半个月或一个月一次，用三轮车送到中央办公厅机要室，及时存档。这项工作看起来简单，但很需要耐心细致，卓琳完成得很好。那时候中央领导中数邓小平的文件数量多，也数他的文件保管得好、清退及时。

邓小平为党和人民的事业日夜操劳，特别是1956年任中共中央总书记以后，工作更加繁重。卓琳心甘情愿地做着最基本最琐屑的工作，经常忙碌到深夜。给自己的丈夫做秘书，工作辛苦，没名没利，但卓琳无怨无悔，一干就是十几年，她以自己的方式默默支持着丈夫。女儿邓林说："上世纪50年代到60年代爸爸有10年当总书记，特别忙。我妈妈真是个好帮手，把家里料理得好好的。这样，爸爸就能一心一意把外面的工作做好。"

"文化大革命"爆发，邓小平受到错误批判，失去一切领导职务后，不断有人劝卓琳跟邓小平划清界线。

卓琳是邓小平的夫人，但同时也是一个经历过多年风雨历练的革命者。年轻时她毅然决然放弃大学学业，奔赴革命圣地延安参加革命，之后经受了革命风雨的洗礼和考验，是一位坚定的共产党员。所以，在这场严峻的政治风浪中，她能够明辨是非，立场坚定，观点鲜明。她坚信邓小平对党和人民忠贞不渝，坚信他的高尚与正直。她多次表示，"我是了解老爷子的，他可是从来没犯过路线错误的，不管他出现什么情况，我都跟定他了"。

于是，当邓小平挨批斗时，卓琳站在他的身边；当邓小平失去自由的时候，她紧紧相随。

1969年10月，邓小平接到通知，下放江西劳动。未来的日子凶吉未卜，但卓琳坚持要跟邓小平一同前去。在那段艰辛的岁月中，这对夫妻也比从前任何时候都要亲密。一天吃完饭，邓小平和卓琳一起上楼休息，邓小平走在前面，卓琳跟在后面。上楼的时候，卓琳觉得有点费劲，就叫了一句："老兄，拉我一把。"邓小平一回头，拉住卓琳的手，两个人就这样一步一步踏上楼梯。这个场景让在场的子女热泪长流。

卓琳曾这样谈她在"文革"中对邓小平的认识。她说："那时我相信邓小平没有错。一个人一辈子在工作中没有失误，那是不可能的，主要是不犯大错误就行了。"在政治大潮的颠簸起伏中，正是有卓琳的支持与坚守，使邓小平的心境在逆境中增添了许多的从容与淡定。

　　女儿邓林这样评价父母的关系："他们两个人的关系，我认为堪称典范。作为志同道合的革命者，他们两人几十年在一起，互相支持，互相帮助，互相信任，这直接影响我们所有子女。人应该是怎样的，人的爱应该是怎样的。"

（叶帆子　撰稿）

陈云：
"千万不可以革命功臣的子弟自居"

陈云始终把自己看成一名普通党员，既不是功臣也不是"大官"。同样，他教诲子女要淡泊名利，不可以革命功臣的子弟自居。他常说，权力是人民给的，必须要用于人民，要为人民谋福利，"个人名利淡如水，党的事业重如山"。

在陈云看来，孩子既是家庭成员，也是革命队伍的一分子。因而，不论是自家儿女还是其他烈士遗孤，他总用严格标准来要求他们。

1949年6月19日，上海刚解放，陈云在给家乡一位老战友的孩子陆恺悌的回信中谆谆教导："千万不可以革命功臣的子弟自居，切不要在家乡人面前有什么架子或者有越轨违法行动"；要求他们"必须记得共产党人在国家法律面前是与老百姓平等的，而且是守法的模范"。

信中还说："我与你父亲既不是功臣，你们更不是功臣子弟。""你们必须安分守己，束身自爱，丝毫不得有违法行为。我第一次与你通信，就写了这一篇，似乎不客气，但我深觉有责任告诫你们。"

1983年春节，陈云惦记着革命烈士的后人，特邀请瞿秋白、蔡和森、罗亦农、赵世炎、张太雷、郭亮等烈士的子女到他的住处聚会，特意叮嘱："你们是革命的后代，是党的儿女。你们应该像自己的父辈那样，处处从党的利益出发，为了维护党的利益，不惜牺牲自己的一切。"

陈云对自己的孩子更是严格要求，绝不允许他们搞特殊化，不允许他们有一丁点"功臣子弟"的习气。

1968年，只有18岁的小女儿陈伟兰从解放军艺术学院毕业后，被分配到了西藏。西藏条件艰苦，有人给陈伟兰出主意：你可以试试让你父亲跟领导同志打个招呼，这样你就可以不去西藏了。于是陈伟兰回家向陈云表达了这个意思。结果，陈云严肃地说："我不能给你讲这个话，别人都能去，你也应该能去。"他还鼓励女儿："再大的困难也不要害怕，别人能干，你也能干。"

1977年，全国恢复高等院校招生考试制度。消息传来，已在怀柔郊区当了10年教师的女儿陈伟华兴奋不已。但此时距离考试只有两个月的时间，自己一无复习材料，二无人指导，来不及细想，陈伟华就给母亲写了一封信。在信中，陈伟华表达了自己小小的要求：听说母亲的朋友在大学工作，所以她想请这位老师给自己辅导辅导，讲讲题。

母亲很快回信了，在信里，母亲告诉她陈云说这叫走后门，不允许女儿找老师。

陈伟华明白了父亲的用意，转而自己埋头学习，最终，凭借自己的努力考上了北京师范大学历史系，并在大学毕业后被分配到了国家机关工作。

1984年，陈云从报纸上了解到师范学校招生难，认为这个问题很值得重视。

陈伟华回忆说："父亲了解这些情况后，专门为此向有关部门提出，要提高中小学教师的待遇，切实解决他们的住房等实际困难，'使教师成为最受人尊重最令人羡慕的职业之一'。为了给社会起带头作用，他有意让我'归队'，到学校当一名教员。恰巧我也难舍三尺讲台，留恋师生情谊，还想回到教学第一线，这样，我于1985年回到了自己的母校——北师大女附中，成为一名历史教师。"

当陈伟华将自己重回讲台的消息告诉陈云以后，陈云特别高兴，说："我举双手赞成！"

（孔昕　撰稿）

陈云：
"国家机密我怎么可以在家里随便讲？"

陈云一贯严以修身、严于律己，常说"遵守纪律首先要从自己做起"，"我要带头遵守党的纪律"。遵规守纪，以普通的劳动者标准严格要求自己，是陈云家风的一大特色。

为带头执行纪律，陈云给家人定下了"三不准"：不准搭乘他的车，子女不准接触他看的文件，子女不准随便进出他的办公室。

新中国成立之初，担任中财委主任的陈云配有一辆公务车。同在中财委工作的妻子于若木本可以搭乘陈云的汽车，但她按照陈云的要求，坚持骑一辆天津自行车厂生产的"红旗"牌自行车上下班，从未搭过一次便车。后来，于若木到中国科学院工作，依旧是骑着自行车去香山上班。于若木曾开玩笑地说："我们家院子里停了两辆红旗车！"

陈云的子女回忆说："父亲的组织性、纪律性特别强，从来不会把国家机密向家人透露，或者作为聊天的谈资给我们讲，从来没有过。"上世纪60年代初，国家经济困难，市场上暂时销售了一些高价商品来回笼货币。有一年夏天，于若木上街为陈云购置了一床高价毛巾被。结果第二天报纸就登出消息，因为国家经济已经恢复到一定水平，可以取消高价产品了，从即日起所有产品都降为平价。为此，于若木有点抱怨陈云："怎么不提前说一声。"陈云严肃地答道："我是主管经济的，这是国家的经济机密，我怎么可以在自己家里随便讲？我要带头遵守党的纪律。"

陈云对子女要求非常严格，教育他们要遵规矩守纪律。他对子女语重心长地说："你们若是在外面表现不好，那就是我的问题了。"女儿陈伟力上初中时，陈云在家里饭桌上、在平时闲谈中，不厌其烦地对她说，做人要正直正派，无论到哪里，都要遵守那里的规矩和纪律。尽管陈伟力那时并不太清楚父亲的特殊身份，对父亲的话也还不能完全理解，但她一直记在心上，并努力按父亲说的去做。

"文革"时期，陈云在江西下放劳动。有一次，他出去听传达文件，迟迟不归，留在家里的陈伟力十分担心。直到天色近黑，陈云才回到家中。陈伟力急着问他文件讲了什么事情，陈云却说，现在还不能告诉你，这件事情会传达，但是要等到文件规定传达到你这一级的时候，我才能告诉你。过了几天，心情迫切的陈伟力又催问陈云，陈云还是闭口不提。一直等到文件规定可以传达到陈伟力这一级的时候，陈云才正式地、严肃地告诉了陈伟力关于林彪外逃叛国的九一三事件。

对身边工作人员，陈云也要求严格，时时提出告诫。一次，警卫员张庭春被分配了其他工作。离开前，张庭春前来看望陈云并请教：到新的工作岗位，有什么要交代的吗？陈云对张庭春说：你到哪里工作，都要记住一条，公家的钱、国家的钱一分钱都不能动；国家今天不查，明天不查，早晚就要查的；记住这一条，你就不会犯错误。张庭春一直牢记着陈云的教导，也非常感激。他说：我周围很多人因为经济问题犯了错误，但我因为牢记陈云同志的教诲，时刻警惕，没有犯一次这方面的错误。

遵守纪律要从自己做起，陈云无疑是党内守纪律、讲规矩的典范，而他言传身教，对家人、子女的严格要求所塑造出的家风家教深入每个家庭成员的心中。长子陈元回忆说："父亲言传身教、以身作则，一点一滴地教会我认识世界、思考人生。"

（孔昕　撰稿）

陈云：
"红色掌柜"的简朴生活

在老一代革命家中，陈云素有"红色掌柜"之称。他多年掌管共和国财政大权，自身却过着十分简朴的生活，两袖清风，一尘不染，始终保持着一个革命者的本色。他常对家人说："一件商品到了消费者的手里时，看似很容易。可谁想过，它经过了多少道工序？它用了多少资源和能源？它又让劳动者付出了多少心血？如果我们大家都能处处节约一点，这也是支援了国家建设……浪费和贪污一样都是犯罪。"

陈云的饮食非常简单，每顿都是粗茶淡饭，而且从不吃请、不收礼。有一年春节，工作人员见他仍然是两菜一汤，一荤一素，便对他说："过节了，加个菜吧。"陈云笑着说："不用加，我天天过节。"在陈云看来，现在的伙食和过去艰苦的革命时期相比，就如同过节一样。陈云从不吃奢侈的美味。他说："鱼翅海参是山珍海味，太贵了，吃不起呀！以前是地主吃的。"

陈云生活很简朴，生活用品非常简单，不追求个人享受。他经常提醒家人要节约每一度电、每一滴水，特意叮嘱工作人员在水池旁贴上"请节约用水"的字条。他喝水时能喝多少倒多少，从不随意把水倒掉。为了在家里搞好节约用水，他指挥工作人员制作了一个简易水斗，下面放个桶，洗头时低着头，用一大瓷缸水从上面浇下去，就算喷头了。

陈云用过的旧皮箱，穿旧的衣服、鞋子，用旧的毛巾、牙刷，用过的旧台历、铅笔头等，都不会随便丢掉，按他的话说就是："不能让它们轻易退休。"陈云有两套毛料中山装，分别是1952年到苏联及1954年到越南出访时按规定由公家做的。女儿陈伟华回忆说：这两套衣服"后来就成了他的'礼服'，只在每年过节或接见外宾时才穿，平时穿的都是布衣、布鞋"。这两套"礼服"后来穿旧了，胳膊下面和膝盖等部位磨得很薄，"妈妈和工作人员商量，想给他重新做一套新的"，陈云却说，"补一补还可以穿"。就这样，这两套衣服缝缝补补穿了30多年。

一言一行间，陈云以自己的省吃俭用、精打细算影响和教育着子女。在子女上山下乡或走上工作岗位时，陈云总是教导他们要不怕吃苦，勤劳朴素，甘于奉献。在子女先后加入中国共产党时，陈云告诫他们要做名副其实的共产党员，要继承革命的优良传统。有父亲这个榜样的言传身教，子女普遍养成勤俭节约的良好习惯。在衣着方面，他们甚至比一般人还要朴素。妻子于若木回忆说："儿子陈元上初中的时候还骑个很旧的女式自行车，骑得都快散架了才不骑了。那时没有好的衣料卖，也没钱买，他们穿的衣服大部分是旧衣服改的。大的穿旧了，小的再穿。有时爸爸的旧衣服给他改改穿上也挺好的，干净整齐就行。"

在父亲的熏陶下，陈云的几个子女都深刻理解艰苦朴素的真正含义，崇尚朴实无华的生活。子女回忆说："父亲没有给我们留下什么财产，也没有为世人留下一部回忆录，但他的思想精神、品格风范，却是令我们受用终身的宝贵财富。"直到今天，陈云的子女还在家里贴着"请节约用水"的字条。

（孔昕　撰稿）

陈云：
家庭学习小组

读书学习之风，是陈云家风中最大的特色。陈云出身贫寒，只读过小学，但他靠在长期实践中坚持不懈的刻苦学习，具备了很高的思想理论水平和解决问题的能力。他率先垂范"老老实实做小学生"，组织家庭学习小组，形成了酷爱学习的家风，堪称我们党重视学习、勤于学习、善于学习的典范。

陈云对个人名利看得很淡，对学习却看得很重。在长期的革命实践中，他始终坚持学习、"挤"时间学习。他常说："必须善于在繁忙的实际工作中，自己争取时间去学习，这一点必须有坚持的精神才能做到。"

陈云自己热爱学习，也教导子女要认真读书。从孩子们小时候开始，陈云就鼓励他们多看书、看报，拓宽知识面。他曾经送给五个子女每人一本《世界知识年鉴》，让孩子们开阔视野，了解世界各个国家不同的政治、经济、军事情况。陈元从小爱看《参考消息》的习惯，就是陈云引导和培养出来的。

除了鼓励子女养成阅读习惯、教给正确的学习方法，陈云还重视培养子女的独立思考和分析判断能力。陈云教育子女读书看报，要主动思考文章中提出的问题、观点，根据自己的理解，对未来发展的可能性作出预测,并将预测的结果与实际结果相比较,找出差距后再补充、纠正,以此提高分析判断能力。子女们后来回忆说:"父亲教给我们的这种思想方法,像是一种活跃、锻炼思维的脑筋体操,让我们在日后的生活、工作中获益匪浅。"

"文化大革命"中,陈云被下放到江西。在子女的回忆里,陈云即使在那段最艰难的时光里,仍然在坚持学习。他充分利用难得的空余时间,制定了读书计划,重新阅读马列主义的经典著作。在两年多的时间里除了定期参加工厂劳动外,主要是读书。孩子们来看望他,他谈的最多的是读书,让他们读马列著作、读毛泽东著作,还教他们学习方法。

1973年,陈云由江西回到北京,中央安排他协助周恩来总理调研外贸问题。由于工作不是太多,他提出用两年时间把《马克思恩格斯选集》《列宁选集》、斯大林和毛主席的若干著作再精读一遍,并组织家庭学习小组,希望家里的人和他一起学。方法是先按照约定阅读的书目、段落分散自学,然后利用每个星期天的上午集中到一起讨论,提疑问和发表学习心得。于若木及当时在北京的几个孩子都被吸收进这个家庭学习小组,就连两个女婿等亲属也被他"欢迎"了进来。

在家庭学习中,陈云非常重视对马克思主义哲学理论的学习,认为"学习哲学,可以使人开窍",倡导"学好哲学,终身受用"。他曾对女儿陈伟兰说,哲学是一个人一生最重要的学习内容,只有掌握了好的思想方法、工作方法,才能够做好事情。为了给女儿更形象地说明这个问题,陈云一边说,一边从沙发上站起来,扭起了秧歌。他说:"扭秧歌是往前走两步,往后退一步。学习的过程也要进进退退、退退进进。只有这样,才能够把学习搞扎实。"多年之后,陈伟兰回忆说:"真正在人生的道路上指点我的人,父亲是第一个。由于他的指引,我对马列主义产生了真正的感情。后来有很多次机会到中央党校学习,每读到马列主义的书籍,我都回想起父亲带我读书这个情景，难以忘怀。"

陈云在练毛笔字时多次写过这样一句话："不唯上、不唯书、只唯实，交换、比较、反复。"他对家人解释说，这是我在延安的时候，研究了毛主席起草的文件和电报之后得来的体会。"不唯上、不唯书、只唯实"是唯物论，"交换、比较、反复"是辩证法，合起来就是唯物辩证法。

1995年陈云去世后，他一生所学心得的十五字诀镌刻在他的墓碑上。女儿陈伟力回忆说："在后来的工作里，我们基本上是用这种哲学的观念和理论来指导我们自己的工作。"

（孔昕　撰稿）

陈云：
教育子女注重调查研究

陈云特别重视调查研究、善于调查研究，反对虚夸浮躁、急功近利。他说："我们做工作，要用百分之九十以上的时间研究情况，用不到百分之十的时间决定政策。所有正确的政策，都是根据对实际情况的科学分析而来的。"在教育子女方面，陈云也注重从多方面培养他们注重调查研究的工作方法。

陈云在总结新中国成立后经济工作中的经验教训时认为，过去我们犯错误，不是对实际情况一点都不了解，只是了解的情况是片面的，不是全面的，误把局部当成了全面。我们要决定政策，就要研究情况，用脑筋去想问题，如果自己脑子里所想的是主观主义的，和实际情况不符，那就会犯错误。创造性必须和实事求是相结合，否则就会华而不实，不能真正地创造。

他主持财经工作期间经常亲自逛市场做调研，从而了解当前经济发展形势。东安市场、东单菜市场、西单菜市场，他全都转过，详细了解每天卖了多少斤糖，多少斤点心，回笼了多少货币。子女们回忆说："我们住的北长街的那个杂货铺他也去看过，他跟我们讲，别看小店只有五平米，老百姓却离不开它，因为小孩的铅笔、笔记本，还有橡皮、墨水、毛笔都在那儿买。父亲进到店里时，就坐那儿看着老板怎么忙活生意。有个戴瓜皮帽的人总是拿着个水烟袋坐在后头抽，他说这个人是在思考进什么货，出什么货，该给顾客准备点什么东西。父亲就是这样从日常生活角度去观察和关心群众生活，去思考国家经济应该怎么管理。"

身教重于言传，陈云这种坚持实事求是、注重调查研究的工作方法，潜移默化地体现到教育子女的过程中。他重视提高子女的理论水平，引导他们如何看报纸，如何开阔视野、了解世界大事，同时，注重引导他们将书本知识和实际情况相结合，掌握"交换、比较、反复"的工作方法，广泛听取各方面的意见特别是不同意见。他在给二女儿陈伟华的信中说："学习马列主义、增加革命知识，不能单靠几篇哲学著作。"他常教育子女们说：首先要在决定了对策之后，再找反对的意见攻一攻，要请人唱"对台戏"，没有"反对派"，也要假定一个"反对派"，使认识更正确。最要紧的，是在实践过程中反复认识。凡是正确的，就坚持和发展。如果发现缺点就加以弥补，发现错误就立即改正。

"文革"时期，长子陈元在父亲的影响下，开始读马列主义著作。陈元经常给父亲写信，讨论一些基本理论问题。女儿陈伟兰有一次看到父亲在陈元写的一个纸条上加了很多批注，把不对的地方拿红笔划得很重。陈伟兰问父亲："我哥哥这些观点非常有见地，你为什么这么批评他？"陈云告诉女儿："能够正确地提出问题不容易，一个人能够正确地提出问题、认识问题、分析问题，这是一个很长时间锻炼的过程。毛主席在延安时，提出问题以后，会经常听取反面意见，有时候听不到反面意见还很着急。你哥哥还年轻，他的这些意见一定要有反对意见来批驳，才能锤炼成真知灼见。所以我就是要考验一下他提出问题的能力，不断地给他提出反面意见。"

在陈云眼里，家人既是家庭中的成员，也是社会主义的建设者，他在家教中注重调查研究的工作方法，就是要让家人认识到，想问题、办事情都要从实际情况出发,不能拍脑袋做决策,纸上谈兵,这样,党和人民的事业就能少走弯路,少受损失。

(孔昕 撰稿)

任弼时：
"常念大人奔走一世之劳"

任弼时出生在一个父慈母爱的大家庭中。父亲任裕道，思想开明，性情温和，对子女慈祥和蔼。母亲朱宜，勤劳持家，忠厚贤良。父母的言传身教对任弼时的一生产生了重要影响。任弼时从小对父母长辈十分孝敬，尽量关心、竭尽所能照顾他们的生活，以尽自己的孝心。

任弼时的父母先后生了三男三女。任弼时的兄培直、弟培达，均早夭。任弼时排行第二，所以号二南。三个妹妹，即培月、培星、培辰。任弼时和兄弟姐妹们正是在父慈母爱的关怀和照料下快乐成长的。1924年3月，任弼时在莫斯科读书期间给父母的家书中回忆起儿时的时光："我记着我们乡下的春景，鲜红的野花，活泼的飞鸟，何等的有趣！"

少年的任弼时，心疼父母，从小就懂得为他们分担家务，以减少他们的辛劳。小妹妹培辰出世后，一家生活全靠父亲的薪水维持，母亲承担了家中所有的家务。在任弼时童年的记忆里，母亲一年四季都是忙碌的，做饭、洗衣、照顾儿女，整天忙个不停。

八九岁时，任弼时在离家十里外的一个小学念书，假期回家，每天都帮母亲做饭。前一天晚上母亲将米洗好，任弼时第二天天还没亮便早早起床煮饭。由于年龄小个子不高，任弼时每次都抱着高过头的柴火，一根根地搬到厨房。做饭的时候尽量轻手轻脚，以免影响父母休息。父母起床时，早饭已经做好。

1921年春，经历了五四洗礼后的任弼时毅然决定到俄国去。走之前，他写了一封家书，字字真情，感人肺腑。谈及父母的养育之恩，他写道："常念大人奔走一世之劳，未稍闲心休养，而家境日趋窘迫，负担日益增加，儿虽时具分劳之心，苦于能力莫及，徒叫奈何。自后儿当努力前图，必使双亲稍得休闲度日，方足遂我一生之愿"，"惟祷双亲长寿康！来日当可得览大同世界，儿在外面心亦稍安。"信中表达了自己对于父母的歉意和决心。千里传家书，寸草春晖，任弼时对父母的真情溢于言表。

任弼时一生从事革命30年，对自己的父母他始终觉得自己做得不够，感到歉意，一有机会便尽可能地加以弥补。

1927年中秋节后，任弼时秘密回到老家探亲。这时他的父亲已经去世三年。探亲期间，任弼时像儿时一样，依依围绕在母亲身边，时而帮助打扫屋子，时而去背柴火、浇菜地，水缸里的水用完了，他一桶一桶地从井里提水入缸，他要把每一分钟都用来为母亲分担劳作。任弼时知道母亲担忧他的安全，便拉起母亲的手，陪她散步聊天，排解忧愁，宽慰母亲。临离家时，母亲特地雇了一顶轿子送儿子上路。没想到，这一别，竟成永诀。

在平时的生活中，任弼时注意言传身教，经常教育子女要尊重父母、敬爱兄长。1950年1月他给女儿任远芳的信中，嘱咐女儿要记得给父母写信，以慰藉他们对女儿的思念。在给大女儿任远志的信中，不忘叮嘱女儿"争取星期日能回家看看妈妈，不要使她感觉太寂寞"。

受父亲影响，任弼时的孩子们都非常懂得孝敬关爱父母。儿子任远远在陈琮英离休后主动承担了照顾母亲的责任。

任远远是有名的孝子。一下班他就赶回家中，陪母亲说话，不让母亲感到寂寞。为了让母亲看书方便，他利用自己之前学习的无线电知识，亲自设计了可控硅台灯，让母亲根据情况调节光线，以保护眼睛。

陈琮英爱吃西瓜。酷暑时节，任远远每次都将西瓜中最好的没有籽的瓜心留给母亲吃。为了给母亲熬汤，他千方百计托人买回质量好的白木耳，为母亲做木耳汤喝。党内很多的老同志去看望陈琮英的时候，老人都会十分高兴地说："这都是远远的功劳。"陈琮英晚年一直与儿子任远远一家生活在一起，儿孙绕膝，享受着天伦之乐。

至孝家风代代传。任远远去世后，他的妻子和儿子又继续承担起照顾老人的责任。在儿孙们的精心照顾下，陈琮英身体硬朗，思维清晰，一直到2003年去世，享年101岁。

（王光鑫　撰稿）

任弼时：
对子女不溺爱，更不骄纵

任弼时在他30年的革命生涯中，由于革命工作的需要和客观条件的限制，与子女们一起生活的时间比一般家长要短得多。

大女儿任远志出生不到百天就跟着母亲陈琮英坐了将近一年牢，后来被送回湖南老家寄养，直到15岁才见到自己的父亲。二女儿任远征出生在长征途中，随后也被送回湖南老家寄养，直到10岁时才又见到任弼时。三女儿任远芳出生在莫斯科，她一岁多时任弼时就奉命回延安工作，留下她像"野孩子"一样在苏联的国际儿童院慢慢长大。她对父母几乎没有印象，直到1950年她11岁多，任弼时到苏联养病，才得以与父亲重逢。只有1940年生于延安的幼子任远远与任弼时一起生活的时间最长，但也不过10年。而任远志、任远征与父亲一起生活的时间只有4年，任远芳与父亲真正在一起的时间仅有5个月。

任弼时是一个伟大的革命家，同时也是一个伟大的父亲，在和孩子们共同生活的短暂时光里，任弼时毫无保留地倾注了他的父爱。

当任远志初次见到父亲时，任弼时伸出双臂，把她拥进怀里，连连说道："大女儿！你回来啦！大女儿，你回来啦！"任远志从未体验过的一种幸福感油然而生。小女儿任远芳见到父亲时,"刚开始很陌生,不知道这人是谁。但待了一个礼拜以后就挺喜欢他。爸爸很关心我,问我学习、生活怎么样,这才体会到父爱的感觉。"她那时不会讲中文,任弼时就用俄文和她交流,用俄文给她写信,还给她写了一张16开纸的中俄单词对照表。

任弼时疼爱子女,却不溺爱,更不骄纵。他把任远志送到延安中学住校读书,吃的是延安当时规定的"大灶"。只有周六回家,任远志才可以吃父母的小灶、妹妹的中灶和她的大灶合在一起的伙食。土改时群众将地主家一只玩具老鼠顺手送给6岁的任远远,他玩得很开心,任弼时发现后,教育他不能拿别人的东西,硬让他把玩具老鼠退回去。任远芳喜欢下象棋、跳棋,经常因输棋就发脾气耍赖。任弼时并不因为她年龄小就迁就她,而是严肃地批评她,不但纠正了她的毛病,而且使她棋艺进步迅速。

在陕北时,有一次任远志生病了,好几天吃不下饭。学校把她生病的情况通知了任弼时,建议接她回家治疗。可是任弼时既没派人去接她,也没派人去看望她,直到周六才把她接回家。一见面,任弼时看她真是病了,人也瘦了,疼惜地说:"我还以为你不习惯陕北的生活,吃不了苦,所以你的老师通知我时,没有去看你,也没有让叔叔去接你,希望你在学校锻炼得更好些,原来你是真的病了呀!"任远志这才明白了父亲的良苦用心,心中怨气一扫而光。休息几天后,任远志身体好一些了,任弼时又马上让她回学校去,并嘱咐说:"要能吃苦,要好好锻炼自己,要努力学习,长大了才能为国家做事,为人民服务。"

任弼时在疼爱子女的同时,还注意培养他们学习的习惯。任远远7岁时,任弼时就为他写了大字模:"小孩子要用心读书,现在不学,将来没用。"任远志17岁时,任弼时写信告诉她:"学习要靠自己努力,要善于掌握时间去学习。你们这辈学成后,主要是用在建设事业上,即是经济和文化的建设事业,须要大批干部去进行。建设事业就是要有科学知识。学好一个工程师或医生，必须先学好数学、物理、化学，此外要学通本国文并学会一国外国文，有了文学的基础，又便利你去学科学……"

得益于父亲的教导，任弼时的子女们都很自立自强。任远志在读书时从不主动向母亲要一分钱，有时父母忘了给她车票钱，她身上有三分钱就乘三分钱的车，如果一分钱也没有，就全程步行；她参军后，里里外外一身军装，从未做过赶时髦的衣服；成家后经济比较紧张，她带着孩子平时艰苦度日，病时借贷吃药，顽强地度过了最艰苦的时期，这一切都得益于父亲对她的教诲与影响。任远志感怀："尽管这一生中，我从认识父亲，到父亲病逝，才仅仅四年多。生活在一起的时间是屈指可数的，但父亲的教诲让我受益终生。"

（朱昔群　撰稿）

任弼时：
"我还想和你商量一下，然后我们再作决定"

1949年末，因患有严重的高血压、糖尿病和心脏病，任弼时不得不到苏联治疗休养。1950年的元旦，任弼时在异国见到了10年未曾谋面的三女儿任远芳。

任远芳1938年出生于苏联，当时任弼时正担任中共中央驻共产国际代表。1940年任弼时夫妇奉调回国，一岁多的任远芳就被留在苏联。

这一次，任弼时在苏联疗养，恰逢任远芳所在的国际儿童院放寒假，父女俩终于团聚了。这是任远芳记事以来第一次见到父亲，但她很认生，不认识也叫不上来"爸爸"。这并不奇怪，因为她脑子里几乎没有家的概念，也从没见过父亲。

任远芳的假期只有一个星期，在这短暂的时间里，父女俩相处得十分愉快。任弼时对分离了10年的女儿特别疼爱，让任远芳体验到有生以来从未有过的全新生活。在相处中，任弼时并不以家长权威自居。在聊天中，他问任远芳："这次回国，我打算把你带回去，你愿意吗？"任远芳的回答出乎他的意料："我不愿意。为什么呢？第一，我不会中文；第二，我不认识妈妈和姐姐弟弟，从小在儿童院长大，过惯了集体生活，我不愿意离开这个集体。"听了任远芳的话，任弼时并没有说什么。他特别善于做思想工作，也了解孩子的心理，知道任远芳需要有一个思想感情转变的过程。一周后，父女即将分别，任远芳难过得哭了。这是她长到10多岁，第一次为离开父亲而落泪。任弼时告诉远芳两天给他写封信，任远芳说："你也得两天给我写封信。"

在苏联疗养期间任弼时和任远芳书信往来频频，任远芳是否回国一事，成了父女之间的话题。任弼时把任远芳当作大人一样，与她严肃认真地分析回国的利弊，既不居高临下，又尊重孩子，充满了浓浓的爱心和民主意识。

在1950年1月20日的信中任弼时写道：

……你在最后一封信里提出了回国的问题。我不懂你为什么产生了这种愿望，我记得，你刚来我这里时曾说过，你不想回国，也根本不想念爸爸和妈妈，可你为什么在我这里暂住一段时间之后就改变了主意呢？

关于回国还是留在苏联这个问题，我还想和你商量一下，然后我们再作决定。

回国当然有有利的一面。第一，你作为中国姑娘可以尽快学会中国话，这对你今后来说是非常必要的；第二，你将更多地了解中国人民的生活和斗争，这对你也非常重要；第三，你将和父母以及兄弟姐妹们生活在一起，这对你看来也是需要的。但也有不利的一面，那就是因为你不会讲中国话，你回国后第一年只能学中文，然后才能上学（当然也可以在学校里学中文），你将耽误一年的学习。

你如留在苏联学习，这也有好的一面：第一，你不会耽误一年的学习；第二，你大学毕业之后，你不仅完成了高等教育，而且将精通俄语。当然也有不好的一面，就是你无法学会中文，这对你今后来讲是莫大的困难，此外你完全脱离国内的生活。

这就是供你选择的具体情况。我想你最好留在苏联继续学习，完成大学教育，然后带着专业知识回国，这就是你在这里的时候我向你说的。

但这一意见绝不是最后决定，你完全可以自己考虑对你怎样更合适。

任弼时没有要求女儿必须跟随自己回国，而是帮女儿一起分析利弊，解决问题，用民主的方式帮助女儿做出人生的重大选择。终于，当任弼时回国的时候，感受到亲情的任远芳经过慎重考虑，决定跟父亲一起回国。

任远芳一生中与父亲任弼时共同生活总共不超过1年零7个月，其中任远芳有记忆的时间更短，仅有短短的几个月。但是，父亲的民主作风却教育了她一辈子。

家长是孩子最好的老师。任弼时的民主作风让整个家庭充满了民主氛围。任远芳耳濡目染，多年之后，她也有了自己的家庭和孩子，家庭的民主与和谐就这样一代代地传承下去。

（郑林华　撰稿）

任弼时：
用革命情怀影响和教育亲属

任弼时少年时便立志为国为民，此后30年如一日，始终保持对党和人民事业的无限忠诚。即使在病魔缠身之际，他仍然坚持工作，"能走一百步，决不走九十九步"，直到生命的最后一息。他不仅严格要求自己，而且言传身教，用自己的革命精神和革命情怀，影响和教育着自己的亲属。

任弼时三妹任培辰，生于1917年，比任弼时小13岁，一直在家乡生活。任弼时仅在1927年9月回湘处理暴动问题时见过任培辰一面，自此天各一方，音问不通，而兄妹间思念之情愈加殷切。1937年，一位南下从事秘密工作的同志受任弼时之托，特地到任培辰家里看望她。他转告任培辰："弼时同志很想念你这个小妹妹，我动身时，他还一再念叨，'不知我的小妹妹现在长多高了。'"任培辰也无时无刻不想念哥哥。在任弼时的影响下，任培辰和曾担任平江县长的丈夫单先麟一直向往革命，经常利用自身的有利条件为革命做工作，曾在抗战胜利前后帮助八路军359旅摆脱国民党军队的围攻。这以后，任培辰夫妻俩千里迢迢从湖南赶到北平，与叶剑英、薛子正接上了头，要求去延安看望哥哥，但因为当时时局紧张，任弼时没同意他们来。任弼时亲笔复了一信，通过地下党组织转交给任培辰：

转厚康兄培辰妹鉴：接读转来函电，已悉抵平。惟时局不靖，关山阻隔，仍以不来延为妥。如有事须告我者，请即面告薛君，彼当可负责转达。如返湘路费有缺，亦请与薛某商洽，请予资助，相会有期，勿念。

1949年，任培辰夫妻俩再次专程赶到北京，看望哥哥、嫂嫂。22年再相见，兄妹俩有谈不完的话，谈到兴头上，培辰顺便要求哥哥帮个忙，请他给湖南省委写封信，争取为她的丈夫找份工作。按理，凭任弼时的身份和地位，这事完全能办到。但任弼时却没有这样做。他对妹妹说："这虽是件小事，但是为了私事给省委写信影响不好。你们的工作，当地政府是会安排的。"任弼时话虽很短，但给妹妹的教育却很大。几十年后，任培辰谈起此事，仍很动感情地说："他每次发觉我们不健康的思想时，总是循循善诱，启发教育，他这种与人为善的批评，对我们的进步起了很大的作用。"

在任弼时的带动下，家里很多人都参加了革命。他的大妹任培月，1927年参加革命，曾赴苏联学习，1948年病故；二妹任培星，1931年参加革命，曾在上海中共中央宣传部办的秘密印刷厂工作，1936年病故；任理卿是任弼时的堂叔父，长任弼时九岁，1928年，任理卿不顾个人安危，积极协助营救被捕的任弼时，最终将其平安救出。

新中国成立时，堂妹任培珊和堂弟任易刚刚长大成人，在他们的回忆中，任弼时的革命情怀永远让他们无法忘记。任培珊在回忆任弼时的文章中写道："你对祖国、对人民、对党的事业就是这样无限忠诚，这一崇高的无产阶级革命战士的品格，永远值得你的后辈来学习"。任易在回忆任弼时的文章中写道："他的精神是永远不死的，长存于我的脑海中。"任弼时就是这样，通过自己的言传身教，将革命精神传递给了身边的亲属们。

（朱昔群　撰稿）

任弼时：
"三怕"家风

任弼时生前有"三怕"：一怕工作少，二怕麻烦人，三怕用钱多。他也用同样的标准要求家人，永葆革命者的朴素家风。

1946年，任弼时的女儿任远志、任远征被从湖南老家接到了延安。首次领生活用品时，任远征在仓库看到一个粉色电光纸皮小本子，流露出喜欢的眼神。仓库管理员看到任远征这么喜欢，就把小本子送给了她。任弼时回家看到这个小本子，一脸严肃地对任远征说："这是给领导人用的，你怎么可以拿？咱们不能特殊化！"看到父亲这么生气，任远征吓得立即把本子送了回去。

1948年，党中央机关迁到西柏坡，任弼时一家也跟着转移到了那里。有一天，任弼时的小儿子任远远和姐姐任远志在外面骑自行车玩，特别高兴。回到家里，任远远拿来一块抹布，一边认真擦着车子，一边指着车身上脱了油漆的地方说："看，漆都掉了。好姐姐，你想个办法，做件车衣，把它包起来吧。"任远志看看车，想了想，觉得也应该，于是便点头答应了。做车衣，离不开布，到哪里去找布呢？任远志眉头一皱，计上心来。当时，机关实行的是供给制，物资全归后勤处统管。谁需要什么东西，打条子去领就是。于是，任远志便学着大人的样子，撕了张纸，写了张领条，跑到行政科批了个字，然后，把领条交给父亲的警卫员小邵，请他代劳去领布。小邵年轻腿勤，从西柏坡到东柏坡，来回三四里路，不到一餐饭功夫，就办完事情回来了。

这件事，不知怎么被任弼时知道了。他把小邵叫到办公室，细细盘问起来："我家今天领东西了？"小邵见问的是这件事，心里也不怎么在意，点点头回答道："是，领了6尺白布。""做什么用？"任弼时不解地问。"给远远的小自行车缝车衣。"任弼时听了，很不高兴，叫小邵把任远志和任远远找来。

任远志和任远远来到父亲跟前，任弼时问："你们要做车衣吗？"接着，他严肃地说："全国虽然快解放了，可我们的国家还很穷，前线需要物资支援，建设新中国也需要资金。毛主席号召'节约每一个铜板'，他自己还穿着补丁衣服呢，你们领公家的布做车衣，好不好啊？"

听了爸爸的话，姐弟俩的脸顿时红了。任远志连忙说："我这就把布退回去！""对！应该把布退回去。"任弼时摸摸任远远的脑袋，拍拍任远志的肩膀，继续说："今后要注意勤俭节约，再领什么东西，要经过我同意，你们年纪小，不要乱来。"

1949年进城后，任弼时先住在香山，后因离城较远，工作不便，便举家搬到景山东街居住。这里，虽然交通便利，但离马路太近，人来车往，嘈杂得很。有病在身的任弼时感到气闷心烦，可他一直默默地坚持着。

工作人员非常清楚任弼时的病情，暗中在大街小巷转了好几天，终于找到一个环境优雅的小院子。任弼时说："这不行，那房子已经住着一个机关的工作人员，怎能为了照顾我一家而让他们搬走呢。"后来，大家又建议他买座适合的房子，换一个环境，任弼时又直摇头："买房子要花钱，搬房子要麻烦人，还是凑合着住这个房子吧。这里，虽然闹一点，但空气新鲜，出门散步方便，还能多接触一些群众，这多好啊！"后来，后勤处准备把房子维修粉刷一下，任弼时也不同意，说："这房子还住得下去，不要再花钱修了，免得给组织上和同志们增添麻烦。"就这样，他一直住在景山东街，直到逝世。

小到一个笔记本，大到住房，任弼时从来对自己和亲属都是这么严格要求。以至于从小在苏联长大的小女儿任远芳一直到父亲去世都只知道父亲是"坐办公室的"。当任弼时去世时，周恩来、朱德等到家慰问，任远芳才知道自己的父亲是中国共产党的五大书记之一。

（王光鑫　撰稿）

李大钊：
"自有真实简朴之生活"

1927年4月28日，中国共产党主要创始人之一李大钊被反动军阀残忍杀害。据当时《晨报》等报道，其遗产竟然只有一元钱，"身后极为萧条"，"室中空无家俱，即有亦甚破烂"，其子女亦"服饰朴实"。

李大钊曾任北大图书馆主任，还担任北大教授，月薪高达120元，再加上他还在北京其他大学任教，并撰写大量文章，有不菲的稿费。以李大钊的收入水平，他和家人完全可以生活得很优越。但是他生活非常简朴，不抽烟、不喝酒，没有任何不良嗜好。他一直租住着简陋的房子，上班虽然路远，但一般都不坐车，而是步行。带家人从北京回乐亭老家时，总是坐最末等的火车。衣服穿得极其朴素，"冬一絮衣，夏一布衫"。他和家人省吃俭用，但他的夫人却经常为柴米油盐发愁。为什么呢？是不是他把钱都存起来不舍得用呢？当然不是，他把大部分收入用于党的事业，每月从工资中拿出80元作为党的经费。他还慷慨助人，接济贫苦青年。当时，许多北大学生在困境中都得到过李大钊慷慨援助。在北大读书的学生曹靖华曾经因交不起学费向李大钊求助，李大钊立即给北大会计科写条子，预支薪金给曹靖华交学费。他处处留心，尽可能不让一个进步学生因生活困难中断学业，再加上他经常预支工资用于党的活动，以至于在北大领工资时，他经常领出一把欠条。校长蔡元培不得不专门吩咐，发薪水时预先扣下一部分直接交给他的夫人，以免他家断炊。

李大钊曾说过："吾人自有其光明磊落之人格，自有真实简朴之生活，当珍之、惜之、宝之、贵之，断不可轻轻掷去，为家族戚友作牺牲，为浮华俗利作奴隶。"在他住的简陋平房内，他有时亲自下厨招待革命同志和进步青年，一个大饼、一根大葱，就是一顿饭。他兴趣广泛，热爱生活，下棋、弹琴，都是一把好手。但他为了节省资金，风琴、军棋都是从旧货市场花很少的钱买的，或是自己和家人一起用废旧物品制作的。当年，北京宣武门内头发胡同有一个专门卖旧货的地方，李大钊经常到那里去，买些旧家具、旧书什么的。有一天晚饭后，李大钊带着孩子们又来到这里。他在一家拍卖行看到了一架旧风琴，就把它买了回来，回到家后用抹布擦了又擦，变得跟新的一样。一有空闲，他就坐在风琴前带着孩子们边弹边唱。李大钊喜欢跟孩子们下军棋，却从来没有买过棋子、棋盘等用具。他告诉孩子们，用自己做的棋子来下棋，是非常有趣的事。妻子赵纫兰把红红绿绿的硬壳纸剪成长方形，李大钊把它们叠成棋子形，孩子们负责跑进跑出取东西、粘贴等等。一家人七手八脚、热热闹闹地没花一分钱就把军棋做好了。

孩子们从小受到父亲的言传身教，养成了勤俭节约的好习惯。大儿子李葆华曾任中共安徽省委第一书记、中国人民银行行长、中顾委委员等高级领导职务。他继承了父亲清廉朴素的家风，一生勤俭，两袖清风。其家中极其简朴，老旧的三合板家具，人造革蒙皮的椅子，客厅的沙发坐下就是一个坑，房子是20世纪70年代的建筑。2000年，中央有关部门要为他调新房，他却说："住惯了，年纪也大了，不用调了。"李大钊的孙辈后人继续延续着这种清正朴实的家风，其孙李宏塔（李葆华之子）曾任安徽省民政厅副厅长、厅长，每次民政厅组织送温暖、献爱心捐款，李宏塔总是捐得最多的。他任职期间曾先后4次主持分房工作，分房近200套，却从未给自己要过一套房子，在担任厅局级干部期间，一直住在一套60平方米的旧房里。其实，按照省里有关规定，他是可以分一套新房的。他却考虑到厅里人多房少，每次都让给了其他同志。

李葆华去世后，曾有记者问李宏塔："你父亲给你们留下了多少遗产？"李宏塔回答说："我们不需要什么遗产，李大钊的子孙有精神遗产就足够了。"

（徐玉凤　撰稿）

李大钊：
"以求真的态度作踏实的工夫"

李大钊一生都在为追求真理、为中国人民的解放事业奔走劳碌，年仅38岁就英勇牺牲。他与妻子儿女等家人相聚的时间并不多，但他关爱妻子、关心子女，以和谐和睦的家庭氛围、认真踏实的家风家教培育儿女们健康成长。

李大钊11岁时，与比他大6岁的农村女孩赵纫兰结婚。他们俩夫妻恩爱，家庭和睦。妻子勤劳朴实，温柔娴淑，筹措经费供李大钊读书；李大钊成为北大教授之后，从不嫌弃妻子是农村妇女，下班回家后，就帮助妻子做家务、看孩子，辅导妻子学习文化，家里来了客人，他就热情地把妻子介绍给客人认识。

李大钊提倡"凡事都要脚踏实地去作，不驰于空想，不骛于虚声，而惟以求真的态度作踏实的工夫。"在对孩子们的教育方面，李大钊既严格又开明，他教育孩子们，学习时要专心致志，可是如果脑子用疲倦了，就应当很好地玩一阵，做到学得踏实，玩得痛快。不要一天到晚坐在那里死念书，否则会成为一个读死书而没有真才实学的蛀书虫。

李大钊在辅导孩子们学习之余，经常和妻子儿女们一起下棋娱乐。他非常认真地与孩子们对阵，神情严肃，就像和敌人临阵交锋那样。其妻子开玩笑地跟孩子们说:"看你爹有多可笑,跟孩子们下棋,还那么认真!"听了这话,李大钊郑重其事地说:"要是不认真,那还有什么意思呢?玩也应当认真,要不就很难提高他们下棋的水平!"可他跟妻子下棋的时候,就是另一种画风了,已经输了棋的赵纫兰照旧拿起地雷去吃李大钊的棋子,李大钊报之以幽默宽厚地一笑:"哼,地雷长腿了吗?"一句话把大家都逗乐了。

　　李大钊教育孩子们要热爱劳动,热爱劳动人民,用自己的勤劳换来美好的生活。有一年冬天,天空下了鹅毛大雪,地上很快就积了厚厚的一层。李大钊对孩子们说:"雪下大了,我们快拿扫帚到院子里去扫雪吧。要是高兴的话,堆个大雪人也好。"孩子们的外祖母看到雪正下得大呢,不同意孩子们出去扫雪。李大钊见岳母担心孩子们被冻着,立刻笑着说:"孩子们应当从小养成吃苦的习惯,免得长大了什么也不会做。"李大钊带领孩子们到外面一边扫雪,一边给他们讲人生的道理:"将来谁也不能当寄生虫,谁要是不劳动,就没有饭吃!"

　　李大钊对于旧中国军阀黑暗统治下人民群众的困苦生活有着深深的体察,他随时教导孩子们要了解百姓疾苦。他工作繁忙,但还是经常抽出时间听孩子们讲学校里的事情,并及时给予指导,帮助孩子们认识当时社会的不公,树立起正确的价值观。有一次,他听到女儿唱起在孔德学校的校歌,"啊,我们宝爱的孔德,啊,我们的北河沿!你永是青春的花园,你永是美丽的王国……"唱完歌正等着夸奖的孩子没想到听到的是父亲幽默讽刺的批评:"北河沿是一条又脏又臭的臭水沟,我天天到北大去都从那里经过,里面常泡着死猫、烂狗,臭烘烘的,怎么能说是孩子们的青春的花园、美丽的王国呢?这个歌子太不现实了,这不是培养孩子们睁着眼睛撒谎吗?"接着,他教孩子们唱《国际歌》《少年先锋队歌》,还把歌词大意讲给孩子们听。他还给孩子们讲述家乡的一位穷苦大伯一年到头辛勤劳作却吃不饱穿不暖的事例，帮助孩子们理解《国际歌》的意义，理解帮助穷苦人民翻身解放的道理。为了防止暗探听到，只有在下大雨的时候，李大钊才带孩子们大声地唱起这些歌曲。通过这样的生活细节，李大钊把革命的道理传递给孩子们，帮助他们树立起改造社会、造福人民的远大理想。

在李大钊被捕的时候，他的妻子及两个女儿星华、炎华也同时被捕入狱。妻子和孩子们平时受到李大钊言传身教的影响，并没有被敌人吓倒，在监狱中不惊不慌，镇定沉着，想方设法应对敌人的盘问。被捕后，李大钊以党的事业为重，闭口不提家事。在敌人法庭上，妻子和两个女儿最后一次和他见面，李大钊表情异常平静，他告诉敌法官，妻子是家庭妇女，孩子们年纪都小，一切与她们没有关系。他以一个革命者的镇定自若，给了家人最后一次家风家教的示范。

（徐玉凤　撰稿）

蔡和森：
三代同堂求学的可嘉"奇志"

蔡和森是中国共产党早期的重要领导人。他带动一家三代人克服种种困难努力求学，投身革命事业的故事是一段值得传颂的佳话。

蔡和森自幼热爱读书，但因家中贫困无钱供他去学堂。他在辣酱店当了三年学徒，虽多次因熬夜读书遭到店主打骂，但也感受到贫苦劳动人民的疾苦，增强了求知欲和进取精神。他认定，只有读书才能改变命运、改变社会。母亲为了供他读书，不惜变卖家产凑起学费。蔡和森非常珍惜来之不易的学习机会，日夜勤奋读书，每天手不释卷。他平时苦读，不多言多语，但一旦讲起时事问题，便慷慨陈词，滔滔不绝，谈古论今，极有见地，他的同学们深深为之折服。蔡和森几乎把所有的钱都用来买书，自己却食不果腹，寒冬腊月仅穿几件单衣，实在冷得受不了就烧几张废纸稿取暖，或者用跑步、长啸来驱寒。他把顾炎武的"天下兴亡，匹夫有责"贴在课桌上，时时鞭策自己为改变中国社会现状实现国家富强民族独立而读书。

1913年，蔡和森来到湖南省会长沙读书。他深切关心着母亲及姐妹们的进步成长问题，写信告诉母亲带姐妹们来长沙读书。

这个想法遭到他父亲极力反对。母亲此时已年近半百，这在当时的中国，已经属于老年妇女了。但她意志坚决，立志追求新生活，毅然带着大女儿蔡庆熙、小女儿蔡咸熙（蔡畅），还有外孙女刘千昂，意气风发地来到长沙。她改名葛健豪，前去女子教育养习所报名。但校方却以其年龄太大加以拒绝。蔡和森替母亲写了呈文递到长沙县署，指控学校不准公民行使受教育的权利。县署官员看到呈文后，被蔡母立志求学的精神感动，批了"奇志可嘉"四字，通知教育养习所破格录取。这件事立即被当作"奇闻"在长沙传开了。同去长沙的蔡畅进了周南女校初级班，蔡庆熙因文化程度较低，先入自治女校缝衣班，后转衡粹女校，刘千昂则入周南女校附设的幼稚园。这样，蔡和森一家三代五口人同时在长沙求学，一时传为佳话。

在长沙的求学生涯让蔡和森一家眼界大开，也更让他们坚定了继续学习的信念。1919年五四运动前后，蔡和森与毛泽东等人一起筹备组织进步青年赴法国勤工俭学事宜。他自己带头，并鼓励母亲和妹妹也积极参加。妹妹蔡畅欣然同意，并邀约了向警予等女同学一起参加。相对于妹妹的欣然同意，母亲却有些犹豫了。一是手头经济窘迫，担心到法国能否维持；二是自己年龄太大，身处异国，一旦卧病，怎么办？三是自己对法文一无所知，担心能否适应学习的要求。蔡和森十分理解母亲的忧虑。他知道，母亲能在年近50的时候还敢来长沙求学，在女子教育养习所毕业后，又毅然回到永丰办学。她向往革命，关心女界进步，而且秉性刚直，不怕艰苦，敢于创业，这种精神在中老年妇女中是不可多得的。

蔡和森知道母亲是愿意到更大的世界中去的，对于母亲的顾虑，他一一给出答案，解除了母亲的后顾之忧。他鼓励母亲，要做革命者，必须以四海为家，为了祖国，无论年纪大小，都应该毅然投入到时代潮流中去。在蔡和森的劝说下，母亲终于决定随儿子远赴法国勤工俭学，被称为"惊人的妇人"。长沙报纸也刊载消息并发表评论，说葛健豪50高龄，远涉重洋，"到法国去做工，去受中等女子教育，真是难得哩！"

在蔡和森的带动和率领下，一家人远赴重洋，并涌现出妹妹蔡畅、妻子向警予、妹夫李富春等好几位为中国革命事业作出突出贡献的杰出人物，蔡和森一家好学向上的家风也一时传为美谈。

（徐玉凤　撰稿）

蔡和森：
"干革命，哪里需要就去哪里"

蔡和森是中国共产党早期重要领导人，因为牺牲较早，孩子们对他并不十分熟悉，但蔡和森以奋斗和生命塑造出来的家风，却一代又一代地传承了下去。

蔡和森的家庭是一个充满着乐观坚强、文明进步的家庭。一家人在蔡和森的带领下，一步一步走向革命。

1917年，蔡和森从长沙学习结束，还想继续留在长沙，以方便与毛泽东等好友一起探讨救国救民之道。为支持儿子革命事业的起步，母亲葛健豪带领全家来到长沙租房居住。妹妹蔡畅以在周南女校任教的微薄收入供养一家人生活，蔡母还租种了半亩菜地添补食用。虽然生活清贫，但全家人在一起，互相照顾，其乐融融。蔡家成为毛泽东、蔡和森、张昆弟、罗学瓒等进步青年经常聚会的场所。

每当毛泽东等人来到蔡家，蔡母总是拿出家里仅有的鸡蛋、蚕豆等热情大方地招待他们。1918年新民学会在她家召开成立大会时，她非常高兴，特地为他们做了一顿丰盛的午餐，用自己的方式支持和鼓励着一群和儿子一般有革命理想的年轻人。

后来，蔡和森带着母亲、妹妹等一起赴法国勤工俭学，母亲葛健豪成了年龄最大的勤工俭学生。在法国，蔡和森翻译、学习马克思主义著作，与周恩来等筹组中国共产党旅欧早期组织，他的母亲、妹妹等家人也一边学习，一边参加留法学生的革命活动。

回国后，蔡和森与妻子向警予为党的工作舍生忘死。危险来临时，他们勇敢承担，主动留在革命需要的地方，想方设法为同志们创造安全的环境。1923年2月，二七大罢工遭到反动分子镇压后，军阀政府派爪牙搜捕李大钊、蔡和森等中共领导人。蔡和森隐蔽在北京高等师范的秘密据点里，继续指导革命活动。曾有几次他派一位同志到他原在的机关附近去打听消息。那是在宣武门内冰窖胡同的一所旧式大院里，门口挂着"杜寓"的钢牌，外表和当时军阀官僚的住宅很像。蔡和森嘱咐打听消息的同志，到那里去找一位"女佣人"，问"有没有病人"，"传染不传染"。后来，去的同志才知道原来这位"女佣人"就是蔡和森的妻子向警予。他问蔡和森，为什么要在这么危险的情况下把向警予一个人留在那里。蔡和森回答，因为还有一部分同志不知道情况，还会到那里去，向警予对当地情况比较熟悉，所以留下以"女佣人"的身份作掩护，以便通知和掩护不知道情况的同志转移。

大革命失败后，白色恐怖笼罩着中华大地，党的活动转入地下。面对极端困难的形势，蔡和森相信困难局面一定会得到转变，中国革命一定可以成功，他用乐观向上的心态和革命必胜的信念带领家人一起奋斗。

在严重的白色恐怖下，党中央机关以家庭的面目出现，有利于党的工作顺利开展。为了革命需要，1928年，蔡和森安排母亲带着女儿蔡妮、儿子蔡博及外甥女刘千昂、李特特来到上海，组成一个有老有小有男有女的大家庭，为党中央机关工作提供掩护。这时候，蔡母已经63岁，又不是共产党员，她深知去上海的危险，但她忠于党的事业，相信儿子的安排，毅然带着孩子们来到上海，一面照顾小孩，一面承担起掩护革命同志的工作。

1931年，蔡和森结束在共产国际的工作从苏联回国后，王明把持的"左"倾中央派他去主持广东省委的工作。当时广东省委遭到严重破坏，省委机关所在地香港处于极为严重的白色恐怖之中。去那里，随时都会面临牺牲。面对这样的安排，蔡和森坚决服从，他说："干革命，哪里需要就去哪里，不能只考虑个人的安危。"在香港，蔡和森一家三口住在一家洋酒罐头公司的楼上，对外的公开身份是这家公司的职工，房子很窄，也说不上安全。他立即全身心投入到恢复党的组织等紧张的工作中，却遭到叛徒顾顺章告密，不幸被捕。

1931年蔡和森英勇牺牲，此时，他的4个孩子中，最大的蔡妮9岁，最小的蔡霖只有2岁。几个孩子和他在一起生活的时间都不长，但是都非常坚强，严格要求自己，乐观向上，努力学习，都在各自的岗位上为新中国建设作出了贡献。蔡和森为后人留下的"干革命，哪里需要就去哪里"的家风，得到了很好的传承。

（徐玉凤　撰稿）

方志敏：
清贫是革命者"能够战胜许多困难的地方"

方志敏牺牲时年仅36岁。他一生功勋卓著却甘于清贫。他律己甚严，对待家属亲人也是一丝一毫都不松懈。

1928年至1933年，方志敏领导起义部队坚持游击战争，组建了中国工农红军第十军，创建了赣东北革命根据地。赣东北苏区扩大为闽浙赣苏区后，他担任闽浙赣省苏维埃政府主席，随后任中共闽浙赣省委书记。1931年的一天，方志敏的好友、景德镇商会会长陈仲熙随白区参观团到赣东北苏区首府葛源镇洽谈贸易，抽空来到方志敏家，将随身带的一块墨绿色平绒布送给方志敏的妻子缪敏当作见面礼。缪敏虽很喜欢，但明白这礼绝不能收，正准备拒绝，陈仲熙便匆忙告辞。缪敏赶紧将放在桌上的平绒布拿起来朝门外追去，不料陈仲熙却已没了身影。不一会儿，方志敏回到家，缪敏将事情经过说了一遍，以商量的口气说："要不咱们把这块布买下来吧？"方志敏眉头紧锁，厉声反驳："这是白区商人带来的货物，只能通过对外贸易处统一收购，私自留下来，即使花钱买，也是变相受贿！"说完，立刻拿着布骑上马，疾奔而去，将这块布退还给了陈仲熙。

方志敏的甘于清贫、廉洁奉公不仅直接教育了妻子，也感染着自己的母亲。有一次，方志敏的母亲金香莲来到葛源镇合作社，想买些粉丝给病重的丈夫吃。合作社工作人员听了后，好心送了些粉丝给她。金香莲知道，儿子方志敏参加革命是为穷人办大事的，一直积极支持他的事业，家里日子虽过得很艰难，但仍牢记儿子的嘱托：绝不能借职务之便收受任何好处。但这次丈夫病得实在厉害，再说治病得用钱，就勉强收下了。这事被方志敏知道后，急忙赶到家里说服母亲："我是省苏维埃主席，当的是穷人的主席，必须做好表率。我知道家里生活很困难，但都是暂时的，将来一定会过上好日子！"母亲觉得儿子讲得有道理，遂将粉丝托方志敏尽快交还给合作社。不久，方志敏父亲病故。办完丧事后，方志敏觉得母亲一个人在家孤独，便想接母亲到葛源镇上住，母亲却笑着说："你教育了我这么多次，这次怎么糊涂了？村里这么多乡亲，我一点也不怕！我有当主席的儿子，就可以去住机关，那其他人怎么办？！"方志敏连忙表示："母亲说得对！"

方志敏的亲人们深知，为了阶级和民族的解放，为了党和人民革命事业的成功，方志敏所主张的清贫不只是清苦简朴的物质生活，更是精神上的两袖清风不染尘，正如他在狱中说的那样："为革命而筹集的金钱，是一点一滴地用之于革命事业。"1935年1月，方志敏不幸被捕，两名国民党士兵将其全身搜遍，除了一块表和一支自来水笔之外，一个铜板也没找到。

方志敏英勇就义后，他的亲人一直恪守清贫精神。新中国成立后，缪敏回江西工作，途经上海时去探望了时任市长的陈毅。陈毅希望她留在上海工作，好好检查身体，把病治好。缪敏说："我回江西心切，每时每刻都在怀念着志敏，想回到当年和志敏在一起战斗的地方。"为了方便工作和生活，陈毅想为她向组织申请一辆吉普车，缪敏也婉言谢绝了。缪敏历任中共上饶地委组织部部长、江西省卫生厅副厅长等职，始终严格要求自己，保持廉洁自律的作风，从不以权谋私，不要求特殊照顾，还数次谢绝国家为她建房的福利，将自己攒下的2万元捐献给家乡建学校、修围堤，造福一方百姓。在家里，缪敏常常以方志敏的清贫精神教育子女，努力成为对党和人民有益的人。子女们从父亲的伟大事迹和光辉遗著中领悟到做人做事的道理，继承父辈遗志，弘扬清贫家风，在各自岗位上努力工作，为国家建设贡献力量。

"清贫，洁白朴素的生活，正是我们革命者能够战胜许多困难的地方！"这是方志敏牺牲前两个多月在牢房中写下的遗言，彰显了共产党人清正廉洁的政治本色，也成为他留给后人的红色家风。

（黄亚楠　撰稿）

方志敏：
半条旧毛毯与一枚新印章

方志敏烈士的女儿方梅多年来一直珍藏着父亲留下来的唯一一件"传家宝"——由半条旧毛毯改制的旧大衣。

1933年1月，根据党中央决定，红十军政治部主任邵式平等人率领红十军到中央根据地参加第四次反"围剿"。方志敏在给邵式平送别时，将一条自己多年随身携带的毛毯送给他留作纪念。谁料，这次分别竟成永诀。1935年8月，方志敏在南昌英勇就义。

长征路上的邵式平从报纸上得知噩耗，伤心欲绝。1938年6月，方志敏的妻子缪敏由党中央批准，带着两个儿子方英、方明来到延安。邵式平便将方志敏生前送给自己的毛毯交还到她手中。缪敏激动地痛哭流涕，深情地对孩子们讲："这条毛毯是爸爸留下唯一的遗物，是我们的'传家宝'，要一代代传下去。"后来在随部队转移中，一名战士冒着生命危险将被敌人包围在山洞里的缪敏救出来。看到这名战士受了伤，缪敏便将这条珍贵的毛毯截成两半，一半送给战士，剩下半条毛毯一直带在身边。

直到1977年，缪敏在临终前将这剩下的半条毛毯郑重地托付给女儿方梅，让她珍惜保管。方梅常常向家人说起这半条毛毯的革命故事，情到深处总会激动地讲："困难的时候看一看它，就有了信心，没有过不去的坎；苦累的时候摸一摸它，就有了劲头，没有闯不过的关。现在的生活条件虽然好了，但父亲留下的这半条毛毯，我们还要用下去，为的是能时刻感受先辈的爱，不淡忘艰苦奋斗精神，永葆共产党人的好作风好家风。"

到了晚年，方梅将这半条毛毯交给了儿子们。这半条毛毯经历了革命的风风雨雨，后来又传承了几代人，早已破旧不堪。为了继续激励子女后代，方梅便将它改制成大衣穿在孙子身上，孙子长大穿不了了，还是仔细保存并交代家人要将这毛毯大衣代代相传。方志敏之孙方华清感慨："爷爷的精神是他留给我们最宝贵的财富。如何去发扬他的精神，特别是他节俭的精神，我觉得从我奶奶到我父亲方英，一直到我，以及到我的孩子都是有传承的。"

与这半条先后盖过方家四代人的旧毛毯形成鲜明对比的是，方家还有一枚刻着方志敏字样的新印章。

1934年7月，为调动和牵制敌人，缓解中央根据地的压力，方志敏率红十军团挥师北上抗日。临行前，方志敏向母亲金香莲道别并将刻有自己名字的印章留给母亲作为念想，后来由于国民党士兵放火烧屋，这枚印章被毁。新中国成立后，政府决定把方志敏烈士的母亲接到南昌住，时任江西省省长的邵式平见到方母万分激动，他饱含深情地对方母说："母亲，您的儿子回来了，我就是您的儿子，千千万万共产党人都是您的儿子！"邵式平还专门请人为方母重新刻了一枚带方志敏字样的新印章，一方面作为烈士母亲怀念儿子的信物，一方面还可以凭借此章向政府提出生活上的照顾。可是，方母及方家人一次也没有使用过这枚新印章。在方母及其子女看来，方志敏不仅是他们永远的骄傲、敬仰的楷模，更是人民心中伟大的英雄。这枚新印章关系着烈士的荣誉和名节，关系着党和人民的利益，绝对不能乱用，更不能"坏了先辈的好样子"。他们永远不会忘记方志敏说过的话：

"我能舍弃一切,但是不能舍弃党,舍弃阶级,舍弃革命事业。"

"我不爱爵位也不爱金钱。"

"一向是过着朴素的生活,从没有奢侈过。"

（黄亚楠　撰稿）

董必武：
"做人要有规矩"

董必武是参加过中共"一大"的革命元勋，新中国成立后，曾担任政务院副总理、国家副主席等领导职务。在他为党和人民奋斗和奉献的一生中，从不自视特殊，始终铭记"革命是为人民谋利益"的初心，并以此严格要求亲属和身边人，树立了良好的家风。长子董良羽回忆说："父亲对我影响最大的就是做人要有规矩。"

解放初期，董必武的有些亲友看他当了政务院的副总理，以为他做了大官，纷纷写信向他提出安排工作、调动工作、照顾生活等等请求。对此，董必武一律婉言拒绝，并委婉地提出批评："除了法律规定的职权外，任何人没有特权。在你的思想中对这点似乎还不很清楚。"

1949年7月17日，董必武在家书中以堂侄董良焱请求到武汉行政部门工作为例，劝诫教育董良埙、董良焱两位堂侄要转变观念，"做行政工作并不是做官"。1950年5月，董必武在一封家书中特别教育堂弟董献之："学习脚踏实地的工作和老老实实为人民服务的作风。"

1953年12月9日，外甥王俊山给董必武写信请求帮忙调动工作。在回信中，董必武谆谆教诲："革命是为人民谋利益，决不应该把革命作为谋个人利益的手段……参加革命团体是为了学习革命工作，一切革命工作都是为人民大众谋利益，人民大众的利益问题解决了，革命者个人利益的问题也就在其中解决了。假使参加革命而以解决个人利益为目的，那是绝对错误的。"后来，他干脆写了一封通函，告诉亲友们不应通过领导干部个人关系办私事。他把这封信打印出来，分别寄给了家乡的亲友们。在他的教导下，他的侄儿、外甥、侄孙、侄孙女、侄外孙等都一直安心于自己的岗位。

在孩子们的心目中，父亲对他们特别讲原则、讲规矩。1969年，小儿子董良翮面临就业问题。那时候，参军、当工人都是很受欢迎的岗位。当时董必武是中央政治局委员、全国人大常委会副委员长，要安排孩子去部队或工厂不是什么难事。但董必武的态度十分鲜明："干部子女不能特殊，良翮还是下乡插队去！"

临别时，董必武提醒儿子说："你是革命的后代，要严格要求自己，生活上要艰苦朴素，和群众同甘共苦，决不能高人一等！"他反复叮嘱，"你不能当特殊农民，要做一个普通农民。你要听老农的话，听队长的话。"

半年后，董必武听说当地党组织要发展董良翮入党。董必武要夫人何连芝写信给当地党组织说明："不能因为他是我的儿子，就这样快地吸收他入党，一定要让他再磨炼一个时期才好。"过后，他还是放心不下，又要何连芝亲自前往向当地同志再三强调：千万不要因为孩子是干部子女就讲情面，要严格要求，只有真正具备了共产党员的条件，才能吸收他入党。

董良翮在农村一干就是10年。他虚心向农民学习，得到了群众的交口称赞，被树为知青的先进典型。1975年春，90高龄的董必武病重住院，董良翮回京探望父亲，已是弥留之际的董必武却不让儿子留在身边，催促他赶紧回去："农村工作忙，不能长期耽搁。

我这里有人照顾,你还是回农村安心工作。"

临终前,董必武在病榻上写了一首诗《九十初度》:"九十光阴瞬息过,吾生多难感蹉跎。五朝敝政皆亲历,一代新规要渐磨。彻底革心兼革面,随人治岭与治河。遵从马列无不胜,深信前途会伐柯。"诗作展现了董必武高洁的品格,是他良好家风的最好注解。

(孔昕　撰稿)

董必武：
"鼓足劲头持久战，青春不再莫蹉跎"

读书学习是董必武的终生爱好。自幼年起董必武就勤奋好学，走上革命道路后，学习马列著作更是如此。他真正做到了活到老学到老，但仍感觉"老去愈知学不足"。董必武不仅自己孜孜不倦地学，而且勉励子女亲属和所有晚辈们学，经常教育他们要"鼓足劲头持久战，青春不再莫蹉跎"，定时检查学习成果。

新中国成立后，董必武虽政务繁忙，仍然挤时间坚持读书。在写给晚辈的家书中，他经常谈论自己的读书学习情况。1959年9月11日，董必武给堂侄董良浩的复信中谈了自己近期的学习计划，"想看点马列主义的书，还没有开始，今后一定要定出计划来读政治经济学，每月读廿页"，并请堂侄董良浩监督自己。10月，董必武在给董良浩的回信中"汇报"了自己的学习进度，"我赶着把俄文《列宁主义万岁》第一篇中未抄完的译文单字抄至第五十一页"，到地方参观完毕后，次日"把其余未抄完的单字赶抄完了"。

董必武严于律己，是终身学习的典范。他早年就掌握了英、法、日三种外语，但并不满足，65岁又开始学习俄语。董必武的孙子董绍新回忆说："为了方便在工作中阅读外文书籍和资料，爷爷一直坚持学外文。为了学好外文，爷爷还亲自写了好多小纸条，一面是外文单词，一面是中文解释和音标，用皮筋扎成一捆，稍有空闲就拿出来背诵，这个习惯一直坚持到他去世前几年。"经过不懈的努力，董必武达到了能够阅读俄语报刊的水平。

不仅自己勤学刻苦，董必武还注意时时督促家人读书进步。自小在董必武身边长大的侄子董良泽回忆伯父说：一个星期六，我回家向他老人家汇报学习情况。他发现我俄语学得不好，发音不准、方法不对。当天晚上他用旧台历裁成两公分宽十公分长的条子，为我赶写了300个俄语单词卡片，怕我丢失，还特地用线绳串好。星期天下午我们返校前，照例要到伯父母跟前打招呼。伯母操着浓重的四川口音对我说，"娃儿，要好好学习哟！"伯父接过话说："良泽，送你件东西，你看好不好？"他边说边将串好的卡片递给我。我一时莫名其妙，不知如何作答。接过来一看，才知道是他老人家为我写的单词卡片。我捧在手中，眼望他那慈祥的面孔，心潮起伏，感慨万千。他老人家为国操劳，又如此为我的学习分心，我感到内疚。我暗下决心，一定不辜负伯父的期望，刻苦学习，创造良好的成绩。

董必武对自己孩子的学习要求很严，而且亲力亲为。他手把手地教孩子们练大字，说："中国字是方形，要写得好就得掌握平、正、匀、熟的要领。"他教诲孩子们"青年学生时代最大的毛病是不好学"，建议孩子们实践"学要有恒，尤要专心"的学习方法。

20世纪50年代末，董必武得知小儿子董良翮"短期内学习的成绩已有进步"，便在家书中进一步鼓励他："应当立大志、树雄心，准备在社会主义社会成为一个不可缺少的人。"

1961年9月5日，董必武在给女儿董良翚的家书中谈起董良翮的学习问题。针对董良翮当时"学习是被动的、不认真的"学习态度，他严厉地批评道"没有决心要会一种本领为建设社会主义服务",并提出要求"他目前的问题主要是必须改变对学习的态度"。

对于亲友想要董必武利用职务之便解决工作生活问题的请求,他一概严词拒绝。但对于马列书籍等学习资料的需求,他总是有求必应,毫不吝惜。20世纪50年代末,堂侄孙董邵简给董必武来信要《毛泽东选集》。由于此书"要预先订购",董必武当时没有立即买到。1959年1月3日,董必武在另一封信中提及了为董邵简购书的情况:"我们一方面为他预定一套,一方面找了一本毛著选读乙种本寄给他,昨日预定的书四册出来了,也寄给他了。"

董必武一生工作之余,除了读书学习以外,没有任何嗜好,家里最多的东西是书。董必武逝世后,按照他的意愿,全部藏书捐献给了国家。董必武言传身教,给子孙后代树立了勤于读书学习的优良家风。

(孔昕 撰稿)

林伯渠：
"革命的路要自己一步一步地走"

林伯渠与董必武、徐特立、谢觉哉、吴玉章并称"延安五老"。作为"彻底的革命派"，林伯渠在教育子女方面，表现出高尚的革命风范。他对身边工作人员说："高干子弟不躺在父母的功劳簿上，不搞特殊化，这是关系到党的形象的大问题，也是关系到后代健康成长的大问题。"在生活中，他严于律己，公私分明，坚决反对搞特殊照顾，身体力行地教育子女"革命的路要自己一步一步地走"，引导子女走上革命道路，堪称全党楷模。

20世纪30年代初，林伯渠因为革命需要，远赴莫斯科工作。那时家中孩子尚小，但他仍不忘磨砺他们，他来信要求子女尽早参与到社会实践中去，不要做温室里的花朵。他告诉孩子们，"革命的路要自己一步一步地走，依靠父兄，贪图舒服，就谈不上革命"。他让长子、次女去做工，帮助母亲养家；连最小的孩子也要学着做手工，掌握一技之长。

抗战时，林伯渠担任陕甘宁边区政府主席。战争时期物资供应十分紧张，林伯渠的孩子们和其他人一样，总是感到吃不饱，有时甚至饿得直哭。有人向林伯渠建议说，小灶伙食相对好一些，孩子们小，正在长身体急需营养，可以让孩子们吃小灶。林伯渠马上严词拒绝："这是违反制度的，不能因为他们是我的孩子就给予特殊照顾，其他学生和战士能吃大灶，他们就可以吃。"

为了防止子女生活上搞特殊化，他特地关照秘书、警卫员，不让他们违反制度给孩子享受特权。当时，儿子林用三刚6岁，林伯渠让他自己拿着碗到大灶和一般干部战士一道用餐。

有一天放学，正赶上演秧歌戏，广场上围了好多好多人。林用三因人小个子矮，怎么也挤不进去，急得在人们屁股后面来回转。这时几个认识林用三的人，扒开人墙，把林用三塞了进去。

林伯渠知道这件事后，严厉责问林用三："你凭什么把别人挤开，自己坐到前排去看戏？"林用三回忆说：我本想申辩几句，转念一想，立刻明白了父亲生气的原因。因为他已经不止一次地告诉过我，绝不可以有丝毫的特殊。

1946年深秋，女儿林利从国外回到延安，回到阔别8年多的父亲身边。不久，组织上决定派林利去东北工作，林伯渠叮嘱女儿，去东北后，一定要下农村参加土改，一定要争取在基层锻炼的机会。他还特意提醒："去东北后，你切不可要求组织上让你和我通电报。"

女儿听后十分不解，当时战火纷飞，亲人又处在不同的战场上，彼此挂念，电报是唯一的沟通手段，为什么父亲要禁止呢？

原来，当时正值战争的关键时期，林伯渠深知电台资源是为解放战争服务的工具，绝不能因为一己私情而不顾大局，这是违反原则搞特殊化的表现。就这样，父女二人分别后就一直音信全无，再次见面已是多年之后。

全国解放后，各方面的条件越来越好，但林伯渠仍然像在延安时期那样，让子女去食堂吃饭，从来不用汽车接送子女。因为担心孩子们抱有"自来红"思想，林伯渠总怕他们工作上有所懈怠，格外加强了对子女的教育，经常一连三四个小时讲马列主义的大道理，同时，也针对每人的特点提醒应注意的问题。

1959年，林用三准备上大学，林伯渠非常关心他的专业选择，他语重心长地嘱咐道:"中国革命进行了那么多年才取得胜利,建设好这样的国家也绝不是容易的事。我只希望你能学到一些真正的本事,脚踏实地地做些工作,为国家建设出力。"

林伯渠还通过自己的言行告诫子女,不要利用自己的职权和影响搞特权。林用三对这样一件小事印象深刻:一汽出了解放牌汽车,林伯渠的老家湖南临澧派了两个亲戚找他,要一辆解放牌车。他因为不能给家乡搞特殊而拒绝了。尽管亲戚感到很别扭,但是林伯渠还是很客气,就把林用三喊去,陪他们吃顿饭,然后让他们走了。

林利在"文革"中历经坎坷,蒙冤被关押7年之久,但是林利表现出了宁折不弯的刚强性格以及共产党人的坚定信仰。多年后回忆这段往事,她依然难以忘怀父亲的影响:"每逢我在前进的道路上遇到挫折时,只要想到他的教诲,想起他那亲切而又有所期待的目光,就不由得重新鼓起勇气,去排除艰险,去继续走一个共产党人应走的路。"

在林伯渠的言传身教下,他的子女都走上了革命道路。无论什么时候、做什么工作,子女们都始终牢记父亲的叮嘱:"你们做什么都要靠自己奋斗。"

(孔昕 撰稿)

林伯渠：
"要和老百姓打成一片"

  林伯渠对人民有着深厚的感情，始终保持着密切联系群众的优良作风。1949年，已63岁的林伯渠，为筹备新政协建立新中国，不辞辛劳，有时竟连续工作20来个小时。为了勉励自己，他在日记本上端端正正写下了"为人民服务，为世界工作"十个大字，并郑重地盖上了自己的印章，作为时刻警醒自己的座右铭。

  "为人民服务，为世界工作"是林伯渠对自己的严格要求，也是对家人最明确、最有力的引领。林伯渠以此教育家人，要求他们建立革命观点、劳动观点、群众观点，和人民群众在一起。

  1934年10月，红军在第五次反"围剿"的战斗中，遭受了严重的挫折，被迫猝然撤离中央根据地。妻子范乐春刚生了孩子，还在月子里。临别之际，林伯渠叮嘱留守的妻子："你一定要和群众在一起，要保持一个普通老百姓的本色，不能有任何特殊。要和老百姓打成一片，有了老百姓，你就有饭吃，你就能开展工作；脱离了老百姓，你拿了钱也没处用……"

  林伯渠还特别注重从小事出发，耐心地教导、启发子女，培养他们对人民群众的感情。1938年，林伯渠的女儿林利即将赴苏联学习。临行前，林伯渠和女儿做了深入交谈。父女阔别多年，林伯渠只是简单地询问了家乡的情况，便从日本侵略者带给中国人民的苦难，谈到苏联人民的革命和建设。

林伯渠突然问女儿："你知道大米多少钱一斤，盐巴多少钱一斤，布匹多少钱一尺吗？"

林利一时语塞。看到女儿迷惑不解的神情，林伯渠语重心长地说："这些都是关系广大人民群众生活的事，关心群众，就不能不关心这些事情。"

在林利学成回国后，党组织分配她去东北工作，林伯渠一再叮咛女儿去东北后，千万不可忘记，一定要下农村，参加土改，一定要争取在基层锻炼的机会。他说："只有经过这种群众斗争的锻炼，才能逐步了解我们的国家、我们的党，才能真正为党工作。"多年后，林利回忆起这一次会面依然记忆犹新，她后来说："父亲同我说的这些话，实际上是给我上了第一堂政治课。"

林伯渠要求子女真正深入群众，与群众打成一片。1942年，林伯渠将还不到三岁的幼子林用三送往农村，让他了解农民是怎样生活和劳动的，从小培养他对农民的感情。

1956年，林用三初中毕业，林伯渠就让他从干部子弟学校转到一般中学，过走读生活，去接触普通家庭的孩子，了解社会。

林用三由原来干部子弟集中的学校，来到了工人、市民的子弟中间，同学们不再是父亲同事的孩子，生活上有差别。林用三觉得很孤独，但又不愿意主动接触新同学。

在一次团组织生活会上，有人批评他对同学"敬而远之"，林用三感到很委屈，回家就向父亲诉苦。可是，林伯渠不仅没有支持他，而且批评他说："这意见提得好，说明你还没有和同学们打成一片。"

林用三有些不服气，争辩道："他们不和我接近，我干嘛要和他们接近呢？"

林伯渠有些生气了，用责备的口气说："我看你越来越变了。

你小时候，对老百姓的苦生活还有同情心，现在为什么就不同情了？他们能有你这样的条件吗？你有的是时间，为什么不到你那些同学家里去看看呢？"

林用三这才第一次去同学家做客，相比之下，自己的生活条件要比他们好得多。林用三向父亲作了检讨。

林伯渠语重心长地教导说："我看你还是只爱和干部子弟交朋友，不喜欢和老百姓交朋友，他们当然不喜欢你，这就是脱离群众。你应该主动和他们交朋友，应该向他们好的地方学习。"

从此，林用三养成一个习惯，无论在什么地方、什么岗位，总是会主动跟普通百姓交朋友，跟他们打成一片。

林伯渠深知党员干部的家风对党和国家的重要性。新中国成立后，林伯渠担任中央人民政府秘书长，生活条件比以前好了一些，他却丝毫没有放松对子女的教育。

有一次，林伯渠问林用三："你有什么财产？"

林用三说："我有被子、衣服。"

林伯渠听了，哈哈大笑，以此为例启迪林用三："这个道理，你们慢慢应该懂得，我们的被子、衣服、用品全是公家发的，哪一样也不是自己的，是老百姓给我们的，我们是无产阶级的人。作为无产阶级的人，就要为人民服务，做人民的勤务员。"

林伯渠深知只有深入实践，接触社会，经风雨，见世面，才能造就社会栋梁。他以身为教、率先垂范，用彻底革命的一生教育子女和后人始终坚守共产党人的初心，为人民谋幸福，为民族谋复兴。

（孔昕　撰稿）

徐特立：
"我假如丢弃了她，岂不又增加了一个受苦难的妇女？"

徐特立是"延安五老"之一，也是毛泽东的老师。1927年，他以50岁高龄入党。在家庭生活中，徐特立忠贞笃定，与爱人相互扶持、互敬互爱，堪称共产党人婚姻道德和良好家风的榜样。

徐特立12岁那年，伯祖母一手包办，替他娶了一个童养媳，名叫熊立诚。熊立诚出身贫苦人家，为人正派朴实，生活勤劳节俭。两人起初以兄妹相称，渐渐地在共同生活和孝养老人的过程中产生感情，相亲相爱，感情甚笃，他们的婚姻已经远远不是一般意义上的旧式包办婚姻了。1905年之后，徐特立多数时间都离家在外办教育和从事革命活动。熊立诚能够理解并充分支持丈夫的事业，在乡下一人承担起全部家务，悉心抚养子女。她曾对徐特立说："你就管好国家的事，我就管好家里的事。"徐特立听闻内心十分感动，他多次对人称赞这句话："说得很好，很有见识！"

1913年，徐特立得知家乡丁家小学因为经费拮据而停办的消息，在妻子的支持下，他拿出自己教学所得的微薄薪水支持办学。不久，当地封建势力以学校办在庙中亵渎神灵为由横加阻挠。为了不让70多个孩子辍学，徐特立回家与妻子商量，想把学校搬到家里。熊立诚完全支持丈夫的想法，马上腾出家里瓦房，自己和孩子住进临时搭建的茅草屋中居住。此后，徐特立先后在长沙办教育，并赴法勤工俭学数年，期间很少回到家乡。熊立诚平时任劳任怨、节衣缩食，虽生活艰辛，但还经常贴补办学经费。多年后，徐特立在写给自己的小女儿徐陌青的信中表达了对妻子由衷的敬意："她不独维持了一家，并且办高级小学共13年，造就了许多学生。她没有念过书，能替地方做了教育事业，许多读书识字的女人不如她，我是很尊敬她的。你是她所生，应该特别孝敬她。"

1937年2月1日，在徐特立60寿诞庆祝会上，邓颖超发言，赞扬徐特立对妻子熊立诚忠贞不渝的爱情是共产党人的楷模。徐特立听后十分激动，动情地说："我自辛亥革命前，即进城办教育，把妻室儿女留在农村；后来离开家乡到法国留学，接着回国参加革命，至今十余年来，与家庭隔绝，不通音讯，这都是反动派的压迫所致。我是一个有血有肉有情感的人。我爱自己的家庭，爱自己的妻室儿女，但国家的问题还没有解决，革命还没有成功，国破家安在？我因为长期不和妻子一起，留法勤工俭学的时候，有人给我介绍女朋友，后来在苏联，在江西苏区，也曾有人提过这种事。但我的妻子是一个童养媳，没有文化，从小与我患难与共。我一直在外从事教育和革命，她在家里抚养儿女，还兼劳动办学，她支持了我的事业，也成全了我的事业。我一生提倡妇女解放，我假如丢弃了她，岂不又增加了一个受苦难的妇女？……"在场的同志听了，无不动容。

1938年夏天，徐特立和熊立诚的小儿子徐厚本结束了在延安的短暂学习，回湖南八路军办事处工作，不幸感染伤寒去世。1927年大儿子徐笃本的牺牲已经令熊立诚痛不欲生，此时徐特立担心年逾花甲的妻子无法承受老来丧子之痛，于是叮嘱家人和身边工作人员向熊立诚严守秘密，只说徐厚本继续留在外面学习和工作。新中国成立后，徐特立将老伴接来北京居住，工作一有空闲就陪伴老伴打打麻将或到外地参观走访，一直谎称儿子已被派去苏联学习和工作。他还两次以儿子的口吻写信，托付从苏联回来的同志捎带到家，并应熊立诚的要求给儿子写了回信。1960年熊立诚以82岁高龄逝世，20多年来徐特立为了照顾妻子的感情始终维持着这个"善意的谎言"。

徐特立与妻子熊立诚，虽然是旧式包办婚姻，但两人相互信任，携手到老，他们对婚姻的态度也影响了身边的每一个人。

（李炼石　撰稿）

徐特立：
"希望你真能继承我的革命事业"

徐特立，被毛泽东称为"革命第一，工作第一，他人第一"。他不仅在革命队伍中享有崇高的声望，他的家庭也是亲诚和睦的典范。徐特立对儿媳、干女儿徐乾的悉心关怀和教导多年来传为佳话，感人至深。

徐特立与夫人熊立诚共育有两儿两女。大儿子徐笃本在大革命时期不幸牺牲，小儿子徐厚本也在抗战中染病去世。小儿子病逝后，徐特立强忍丧子之痛，一面向年逾花甲的夫人熊立诚隐瞒了噩耗，一面安慰儿媳刘翠英，帮助她从悲痛中重新振作起来，开始新的生活。1938年夏，徐特立写信给刘翠英说："你是我们家里的人，你的孩子也是我们家的骨血，但你还年轻，应该有自己的生活。你结婚以后，我们便不以翁媳相称，你做我的女儿也可以，作为同志也可以，后一种更有政治意义。在你结婚之前，你的生活我还是要负责的。"徐厚本去世时，刘翠英由于伤心过度在医院不慎摔伤头部，当场昏迷不醒，后来落下了头痛的毛病。徐特立心疼不已，叮嘱她"做到一个健康的身体是你一生起码的幸福，没有这一点一切都完了"，并多要求她注意休息，注意饮食。

不久，徐特立又在另一封信中同刘翠英谈到了择偶的原则：

"主要的不是择财产、不是择地位，是择前进的分子、有希望的人，年龄相差不远、性情相当的厚道、不致轻于弃妻，这就是足够的条件。"

在徐特立的引导和帮助下，刘翠英悲痛的心情稍稍平复，并决心振作起来，重新投入革命工作。1940年1月2日，刘翠英前往延安的前一天，徐特立来看望她，亲切地说："你要走了，我将你的名字改改吧！"说着便掏出一张纸条，上面写着"徐乾"二字。从此，儿媳成了干女儿。徐乾虽然不完全清楚这个名字的含义，但却完全领会了老人的一片深情，总感觉有太多话想要倾诉，但却已经泣不成声……

后来，徐特立便以"乾儿"称呼徐乾，并专门写了一篇短文说明名字的含义："乾，健也。终日乾乾，即终日健进不已"，并表示徐乾"外柔内刚，颇有独立性，我以她有其祖父之倔强性，希望她发扬这一倔强性，因而字之为乾"。区区两字，寄寓着徐特立对子女后辈的深沉勉励和期望。多年后徐乾回忆起徐特立为自己改名这件事，说："一个人叫什么名字，并不含有重大的意义，名字的雅俗，更不能决定一个人思想境界的高下。但通过老爹爹为我改名这件事，我体会到老人家对下一代成长的无微不至的关怀。"

1940年，徐特立担任延安自然科学院院长兼中宣部副部长，党组织安排徐乾做徐特立的秘书。尽管徐老工作非常忙碌，但他却情愿自己处理大量工作，尽量不要徐乾照顾，并严格为她定下三条要求：一、每日工作八小时，上午四个钟头均作学习之用，不会客，不闲谈，不外出；二、下午两小时看报、看党的文件，另以两小时处理我给你的工作；三、星期日及星期六下午洗衣会客、整理衣服用具及外出会友。1941年，徐特立专门从自己的津贴中省出六元边币，购买了一部《联共（布）党史简明教程》（简称"联共党史"）赠予徐乾研读，并在扉页写下一段话，再次表达了自己对女儿寄予厚望："乾儿，四年前你还是一个落后的家庭妇女，而今成了一个共产党员，实出我的意料之外。希望你真能继承我的革命事业，我从现在你的行动看有很大的可能性。"同时徐老不忘叮嘱女儿，读书既不可贪多求快囫囵吞枣，更不可半途而废，并表示若徐乾能读完此书并有提高，则"我虽无子也还快慰"。

对徐乾来说，徐特立既是慈爱的父亲、恩人，更是循循善诱的师长、前辈。而徐乾对徐特立也是关爱备至，照顾他近30年，直到1968年老人逝世。

（李炼石　撰稿）

谢觉哉：
"从艰苦的过程中，得出隽永的味道"

谢觉哉一生勤奋好学、追求进步。他认为，一个人要成人、成才，最重要的是要在艰苦的环境中接受锻炼、增长本领、磨炼品性，让孩子们接受艰苦的锻炼和摔打是对他们的最好的教育。

1937年，谢觉哉的儿子谢放带着家里卖掉一头母猪换来的盘缠，历经千难万险从湖南老家辗转来到延安，参加革命。看到与自己分别整整10年的儿子走进革命队伍，谢觉哉感到非常欣慰。但高兴之余他并没有忘记告诫孩子：来延安不是为了挣钱养家，不是为了升官发财，而是要下定决心干一辈子革命，要坚定全心全意为人民服务的思想。他对谢放说："一个人真革命还是假革命，主要不是看嘴上的表白，而要看实际行动。你现在还不是一个真正的革命者。一个真正的革命者，不但要经受艰难环境的考验，而且要到生死关头去考验。并且还不能只考验一次，革命天天都在考验人。"他还叮嘱儿子："你要经常保持积极性，阻力、不谅解、碰钉子是对你的磨炼。革命没有顺利的事，很顺利又何必要你呢？"这一番话，对刚刚踏上革命道路的谢放来说，既是鼓励，更是鞭策。

1944年10月，党中央决定由王震、王首道率领八路军120师359旅一部和中央机关部分干部，从延安出发南下"到敌人的后方去插旗帜",开辟以衡山为中心的新的敌后抗日根据地。听说儿子要求参加这支队伍,谢觉哉非常欣慰,表示积极支持。临行前,谢觉哉特意找来儿子,在他的手册上题写了12个字:"不惧,会想,能群,守纪,勤学,强身。"这位年届花甲的老父亲随后抚着儿子的肩膀,满怀深情而又十分坚定地嘱咐道:我们党的队伍曾经在那些地方战斗过,此刻江南千千万万群众在盼望着党的队伍去解放他们,这回党中央和毛主席决定派部队去建立根据地,任务很艰巨,付出的代价也将会是相当大的,但前途是光明的,对革命者来说更是锻炼和学习的好机会!谢觉哉还告诫儿子,越是在艰难的环境中越要努力锻炼,努力学习,平时没有时间则要挤时间,学不进去则更要敢于钻研,要从实际出发学以致用。

王震、王首道的南下支队离开延安后作战十分顽强,特别是1946年初夏突围返回延安时几乎每天都要作战。谢放一面严守战斗纪律,甚至在队伍经过家乡一带时也没有离队探家;一面把父亲推荐阅读的书带在身上,在行军和作战间隙抽空刻苦读书。遍历艰险之后,谢放终于随同大部队在这年9月返回延安。在总结战斗历程时,司令员王震赞许道:谢老的儿子始终没有退缩。谢觉哉听说后,知道儿子在这次艰苦任务中得到了成长和锻炼,欣慰不已的他赋诗一首,嘉许儿子没有辜负自己的厚望:

历时二十二个月,走路一万几千里。
喜你过家没通信,亦未中途离战营。
险阻备尝识真伪,真理跟前看死生。
这番经历应珍视,困学同时更勉行。

新中国成立后,谢觉哉膝下早已儿孙满堂。此时他尽管身兼数职、工作繁忙,但仍然时时不忘督促晚辈加强学习锻炼,积极上进。1951年,在给侄子、侄女的信中,谢觉哉要求他们努力学习、努力锻炼,要"从艰苦的过程中,得出隽永的味道"。

  1964年,谢觉哉已是一位耄耋长者,儿子谢放也已过了知天命的年纪。一天,谢老特意把谢放叫到身边,郑重地对他说:"你虽是农村长大,又经过战争环境的考验,但那是几十年前的事了,这些年来你常住城市、机关,这样不好。"谢老嘱咐儿子主动报名下乡参加劳动,多与群众接近。他还动员道:"你在诸兄妹中,年纪较大,革命资历最长,你要为兄弟们带个好头!"后来,谢放遵照父亲的嘱托到河北衡水下乡调研并劳动了一年。在农村的工作和生活,让他对父亲的严管和厚爱有了更深的体会。

(李炼石 撰稿)

谢觉哉：
"你们是共产党人的子女，不许有特权思想"

作为党内最为德高望重的革命者之一，谢觉哉不仅自己一生高风亮节、清廉奉公，而且严格要求家乡亲友特别是后辈子女，始终坚持公私分明、正直本分的良好家风。

新中国成立后，谢觉哉曾担任过中央人民政府内务部部长、最高人民法院院长、全国政协副主席等职务。在湖南老家务农的子女、亲属听说山沟里出了大官，想凭借谢觉哉的"官位"谋求一些特殊照顾，解决调动工作和改善生活待遇等问题。1950年1月，谢觉哉知道亲属们的想法后特地写信回家，明确拒绝了亲属的各种请托。信中说："你们会说我这个官是'焦官'。是的，'官'而不'焦'，天下大乱；'官'而'焦'了，转乱为安。有诗一首：你们说我做大官，我官好比周老官；起得早来眠得晚，能多做事即心安。"谢觉哉家书中的"焦官"，在湖南方言中意为不挣钱的官，与"肥差"的含义正相反；信中提到的周老官是谢家同村的一位长工，村里一有急事难事，家家户户都愿意找他帮忙，在村中以勤恳老实闻名。1951年5月25日，谢觉哉再次写信给孩子们，指出那种"想出去依靠人"、靠关系、搞特殊的观念是封建社会的错误观念，思想根源在于"仍想过不劳而食的生活"。

1962年，全国不少地方的农村为了恢复经济，发展生产，大面积毁林开荒，有些地方滥砍滥伐的问题十分严重。谢觉哉在湖南老家的一个侄媳、孙媳也砍伐了几棵树。当时公社考虑到她们砍伐数量很少，又是初犯，且承认错误态度也较诚恳，对她们批评教育后，决定不按照滥伐的性质处理。谢觉哉得知后辈所犯的错误后非常气愤，他立即给家乡的地方组织写信："我的侄媳、孙媳违章砍树，应同样按乱砍滥伐处理，要没收，要罚款，并要她们在社员代表会上、社员大会上检讨，不只检讨一次，还要检讨无数次，一直检讨到她们栽的树长到两丈高，群众不要她们检讨时，才不检讨。"为了这件事，谢觉哉还要求两位晚辈带着检讨书和退赔款，从生产队一直检讨到县里。他说：这次你们偷砍树木，违犯国家的政策法令，是只顾自己、不顾别人的思想作祟。你们要很好地检查；是共产党员的，更要严格要求自己，深刻地挖一挖思想根子，干部子弟、革命家属，更应该模范地遵守政策法令，不能有半点特殊。

1963年，谢觉哉突发中风，右手已经不能握笔写字，但仍然不忘以左手写信督促晚辈改正错误。在他的严格要求下，老家的亲属按照"砍一伐十"的嘱咐栽了不少树。谢觉哉看到她们真正认识并改正了错误，才不再去追问了。

谢觉哉曾对子女说："我是共产党人，你们是共产党人的子女，不许有特权思想。"这是从革命烽火中走来的老父亲对子女的耳提面命，更是一个共产党前辈写给后辈同志的肺腑之言。谢觉哉以身作则，对子女言传身教，希望子女们明白，党员干部的子女完全是与他人无异的自食其力的劳动者，大到求学择业，小到衣食住行，都绝不能借重干部职权和地位搞特殊，更要带头做遵纪守法的表率。谢觉哉对亲属、子女的严格要求，正是一个亲手结束旧时代、亲手缔造新时代革命者对共产党人道德标准和理想家风的生动诠释。

（李炼石　撰稿）

吴玉章：
"最主要的应该是爱和严相结合"

著名革命家、教育家吴玉章在自身经历和长期的教育工作中深切体会到家庭教育的重要性。他对晚辈始终坚持"爱和严相结合"。"爱"和"严"，成为这位老革命家对家风的最精炼概括。

1940年冬，终日为革命事业奔忙的吴玉章由于劳累过度病倒了，甚至一度病重休克。当时，吴玉章的侄孙吴本清正在中央党校学习，党组织安排他暂时离开学校，去杨家岭照料吴玉章。有一次，从四川荣县来延安学习的黄才焊来探望吴玉章。吴老听说他没有钢笔，又见他一心向学，便当即给他五元边币买钢笔，并勉励他努力学习进步。吴本清考虑到自己没有过冬的鞋袜，平时都是在草鞋里衬一层包脚布片勉强御寒，于是也大胆地向自家叔祖要几元钱，表示想买双棉鞋。这时，吴玉章问道："其他同志都穿上棉鞋了吗？"吴本清不好意思地说："还没有。"吴玉章严肃起来："这是因为反动派封锁边区，组织上有困难，所以才不能给同志们发棉鞋和布袜。你可以向我要钱买鞋，其他同志又怎么办呢？在成都的时候我就提醒过，延安的生活苦，你不是说别人能过你也能过吗？"

吴玉章干了几十年革命，从来没计较过吃穿：他的一套西服是20世纪30年代从法国穿回来的,一套中山装是出席国民参政会时党组织给他添置的,一件黑色的老羊皮大衣还是滕代远送给他的。吴玉章的自律与对吴本清的批评,让吴本清低下头,承认自己错了。吴玉章的话虽然严厉,但还是让侄孙脱下鞋子,检查脚上的冻伤。看了伤口,他不禁心疼地说:"脚冻成这个样子,鞋还是要买的。但你必须记住,革命就是要有艰苦奋斗的精神,干革命必须具备三个心:一是决心,二是虚心,三是恒心。没有决心什么也办不好,没有虚心的态度什么也学不到,没有恒心什么事情也办不到。"

1949年9月,吴玉章的独子吴震寰在成都不幸去世。吴玉章强忍着老年丧子之痛,把儿媳蔡乐毅和四个孙辈接到北京与自己一起住。1960年,正值我国经济严重困难时期,全国粮食、油料、蔬菜和副食品非常缺乏。吴玉章的孙女吴本立由于营养不良而生病,请假离开学校回家休养。当时国家实行供给制,伙食分为大灶、中灶、小灶三种。吴玉章是中国人民大学校长,按照规定可吃小灶,伙食相对好些;儿媳蔡乐毅是人民大学教师,吃教师食堂的中灶;四个孩子按规定到人大食堂去吃大灶。那时,食堂大灶常常只能供应稀粥和馒头,馒头也常常是又黑又硬,被人们戏称为"小二黑"。眼见得孙女正在长身体的时候却由于营养不良而虚弱不已,年逾80的吴玉章十分心疼,内心陷入两难境地。有一天中午,吴玉章将自己碗中的饭菜简单吃了几口,站起身来对孙女说:"本立,我今天胃口不好,吃不下去,你帮爷爷把剩下的饭吃了吧,浪费了怪可惜!"说完,不等小姑娘回答,自己就转身走了。从那以后,吴本立常常是在食堂吃完大灶后,回家还要负责解决爷爷的剩饭,自己气色逐渐好看些了,但本就清癯的爷爷却比平时更瘦了。

吴玉章多次指出,教育子女的正确方法"最主要的应该是爱与严相结合",在生活上既要给予晚辈无私的爱,在政治上、学习上、工作上又要严格要求他们,"这才是真正的爱"。

1963年11月20日，吴本清去探望吴玉章，临别时请求老人为他写一句话作纪念。吴玉章就在吴本清的日记本上题词，上联是："创业难，守业更难，须知物力维艰，事事莫存虚体面"，下联是："居家易，治家不易，欲自我身作则，行行当立好规模"。大意是教人不要追求虚荣奢侈、不要讲究排场，而是要踏踏实实地做事，并要做好，争当楷模。这句格言至今仍是吴家后辈倍加珍视的家训。

（李炼石　撰稿）

吴玉章：
"我何敢以儿女私情，松懈我救国救民的神圣责任"

1946年，国民党反动派对解放区发动了全面进攻，全国革命形势十分紧张。一天，吴玉章接到一封家书，读着读着，他的双手微微颤抖，表情由急切变得凝重，进而悲恸不已。这位年届古稀的老人默默地合上书信，内心久久不能平静。沉吟良久，吴玉章挥笔写下一篇文字，其中最后一段是这样写的：

"亲爱的丙莲，我们永别了！我不敢哭，我不能哭，我不愿哭。因为我中华民族的优秀的儿女牺牲得太多了！……我何敢以儿女私情，松懈我救国救民的神圣责任。我们只有以不屈不挠，再接再厉之精神，团结我千百万优秀的革命儿女，打倒新的帝国主义，新的法西斯蒂，建成一个独立，自由，民主，统一和繁荣的新中国。丙莲，安息吧！最后的胜利，一定属于广大的人民，以慰你在天之灵。"

这就是被称为"延安五老"之一的吴玉章为亡妻所作的《哭吾妻游丙莲》。在这篇感人至深的短文中，吴玉章作为一个丈夫，为忠贞相守数十年的妻子的亡故而恸哭,不仅哭她一辈子克勤克俭却不幸生逢乱世,"成了时代的牺牲品",而且更哭那像自己的妻子一样在兵燹之中饱受戕害备尝艰辛的四万万同胞。但同时,作为一个革命者,作为一个共产党人,吴玉章又不敢哭、不能哭、不愿哭,因为"哭不能了事,哭无济于事",而唯有团结千百万优秀的革命儿女揩干泪水继续奋斗,方能建成一个独立、自由、民主、统一和繁荣的新中国,方能告慰亡故的亲人和同胞们的在天之灵!这篇感人至深的文章,既以一个普通人的口吻表达对亡妻的感念和不舍,更以一个共产党人、革命者的情怀控诉了旧时代,表达了革命必胜的坚定信念。

吴玉章1878年生于四川荣县,良好的教育使他成为那个时代"得风气之先"的革命青年代表。1896年,18岁的吴玉章奉"父母之命媒妁之言"与大自己两岁、缠着小脚的农家姑娘游丙莲结婚。1903年,与妻子结婚六年的吴玉章东渡日本求学。从此,毕生为革命事业奔走的吴玉章少则八九年回家一次,多则十四五年回家一次,几乎没有机会与游丙莲共同生活在一起。

两人分别后,游丙莲独自一人勤俭持家,教养子女;为革命奔走的吴玉章也始终忠贞自守,把家庭和妻儿视为在外从事革命工作的感情慰藉和精神动力。1943年,他在自己的自传文章中谈到游丙莲时曾欣慰地说:"我一开始作革命工作,就把家庭安置好了,这也是几十年来我能始终不倦从事革命的一个原因。"

1938年吴玉章回四川荣县时,有当地官员当面挖苦说共产党"共产共妻",他听后非常气愤。吴玉章认识到,反动分子的这些无耻谰言之所以还有生存空间,正是因为视女性为财产和玩物的封建旧道德还没有革除,而这些与共产党人所倡导的男女平等、反对剥削压迫、反对践踏女性权益的婚姻观是格格不入的。每思及此,吴玉章就决心"以共产党的道德,坚强我的操守,以打破敌人无稽的谰言",以身作则证明共产党人的新婚姻道德。他还曾颇为自豪地说："我很庆幸的是我的妻子比我年龄稍大一点，现还健在。……我们不敢妄自比拟马克思、列宁两个伟人的夫妇于万一，而夫妇同携到老这一点是堪与同庆的。"

　　家庭来自婚姻。党员特别是领导干部家风如何，首先要看他如何对待自己的婚姻，要看他在婚姻中体现出来的道德操守和人生境界。吴玉章与游丙莲的婚姻堪称共产党人婚姻道德的典范，更是洁身自好、忠贞坚韧的良好家风的楷模。

（李炼石　撰稿）

彭德怀：
"我要对人民负责任"

在彭德怀诸多侄子侄女中，小侄女彭钢同他在中南海和吴家花园一起生活过比较长时间，彭德怀的一言一行所表现出来的高度原则性，给她留下了不可磨灭的深刻印记。

初入中南海时，彭钢身体不太好，都已经是中学生了，体重顶多只有70多斤，彭德怀也很心疼她，但对她的要求还是非常严格。当时中南海实行供给制，彭德怀按规定是吃小灶，普通干部是吃大灶，因此彭德怀只准她吃大灶，而不让彭钢同他一起吃饭。彭钢知道伯伯这样做既是坚持了原则，也是为了让她保持劳动人民的本色，不搞特殊化。

新中国成立之初，很多青年都梦想当解放军，但那时国家尚未允许女性当兵，为此彭钢还跟担任国防部长的伯伯吵过架，认为男女不平等。彭德怀很喜欢这个倔强的小侄女，表面粗犷的他多留了一份心，帮她留意哪个军校招收女学员。1958年他到西安电讯工程学院视察，回来后高兴地告诉彭钢："这个学校招女学员，这下就看你自己的本事了。"彭钢也不示弱："我考得上就上，考不上就不上。不会靠你。"

1958年，正是全国大刮浮夸风的时候，彭德怀的头脑却十分清醒。农民出身的彭德怀对农业生产上的事一清二楚，即使如此，他仍坚持深入基层调研，掌握真实的情况。他对各地争相"放卫星"虚报产量的荒唐现象极为忧虑。一天，彭钢陪他在中南海散步，看到他和一位负责同志因农业产量问题争吵起来。彭钢劝他不要生气，他反问彭钢：你是中学生了，一亩地是60平方丈吧，你想想看，就这么点大地方能长几万斤粮食吗？就算堆也要堆多厚？

翌年，彭钢考上军校，恰逢彭德怀在庐山会议上遭到错误批判，搬到北京西郊的吴家花园居住。他曾把那份"彭德怀同志的意见书"拿给彭钢看，还讲了毅然上书的原因："我这样写，是作了调查研究，有根据的，我特意到农村去看过。搞'大兵团作战'、'深翻土地'，完全不顾实际情况。搞了许多食堂，和中国农村的燃料条件、风俗习惯都不相适应……一些奇怪的口号也提出来了，什么'人有多大胆，地有多大产'。这是不可能的。干事情不能没有条件，不讲条件不是唯物论。"彭钢终于明白，这封信是彭德怀深思熟虑和深入调研的产物，即使他在庐山上不写，下了庐山也是要写的。她忍不住问彭德怀："你当你的国防部长，干嘛要去管经济问题？"听了这句话，彭德怀猛地抬起头来："我怎么能不管呢？我是共产党员，还是政治局委员，有关国计民生的大问题我看到了不提出来，还算什么共产党员？！"他越说越激动："我要对人民负责任。我可没你们考虑得那样多。觉得不对的地方，不管是什么问题，都要讲出来，这才是主人翁的态度，不能去想什么个人得失。一个共产党员应该懂得自己的职责。要不怕罢官，不怕离婚，不怕开除党籍，不怕坐牢，不怕杀头。我死都不怕了，还怕什么？从我参加革命以后，我就把自己全部交给党和人民了，不单单属于我了。你不是也想做一个共产党员吗？要做一个真正的共产党员可不容易啊……"多年之后，每当彭钢回忆起这一幕，伯伯那高大光辉的形象在她心中仍然栩栩如生。

彭德怀的坚持原则和一心为民的精神，对彭钢产生了潜移默化的影响。后来，她担任了中纪委常委、中央军委纪委副书记、总政纪律检查部部长，担负着对全军高级干部纪律检查的重任。正如她所说："我所做的是一项得罪人的工作，大人物小人物我都得罪了不少，当然也得罪了不少亲朋好友。"她在工作中经常会遇到很大的压力，但她时常想到："伯伯过去受到那么大的压力时，首先考虑的不是他自己，而是党、是国家、是军队，是人民群众。这会给我很大激励。虽然无论从职位和思想境界上讲我无法同他相比，但我经常告诫自己要像伯伯那样工作，遇到原则性问题，该坚持的就一定要坚持。"

（郑林华　撰稿）

彭德怀：
要留清白在人间

彭德怀没有子女，两个弟弟参加革命后都被反动派杀害了，他对弟弟们的子女视如己出，躬亲抚养，一身清白的他始终教育侄辈们要清清白白做人。

彭起超是彭德怀的侄子。抗日战争胜利后彭起超作为警卫战士跟随毛泽东、周恩来等到重庆参加国共谈判。1946年春，彭起超随周恩来飞回延安。下飞机后，他和前来欢迎的彭德怀等一起坐卡车回枣园。一路上，彭德怀高兴地向他询问国统区人民生活情况和重庆谈判的情况。突然，他发现彭起超脚下擦得发亮的皮鞋，不由得皱起眉头："你怎么穿这么好的皮鞋？"彭起超解释说："这是在重庆因谈判工作需要，组织上给发的，平时穿的是布草鞋。"但彭德怀还是不高兴："要艰苦、勤俭呀！现在老百姓养活我们真不容易，国民党反动派又封锁我们，我们靠的是什么？就是自力更生、艰苦奋斗！"他担心彭起超在灯红酒绿的重庆待久了思想上会变质，就反复提醒他："你把你在家讨米、放牛的情景想一想，你就感到不应该了。"听了彭德怀的话，彭起超回到部队立刻就把皮鞋上交了。

回延安后，彭起超还是在中央警卫队当一名战士。一次，359

旅政委王首道跟彭德怀谈了一上午工作，负责警卫的彭起超便给他们送了一瓶开水。恰好这时已到饭点，彭德怀拉着王首道要去吃饭，王首道就叫站在旁边的彭起超一起去吃。彭起超还没来得及回答，彭德怀却抢过话来对彭起超说："你到大食堂去吃嘛，跟我们去干什么？"热情的王首道一边拉着彭起超，一边笑着说："小孩子嘛，就让他一道去吃吧！"这时彭德怀对着彭起超把眼睛一瞪，彭起超顿时明白了："王叔叔，我还是到大食堂去吃吧！"因为按照规定，普通干部战士应该吃大灶。事后，彭德怀告诉彭起超："吃餐饭是小事，但搞特殊就不行了。这里干部子弟那么多，都这样怎么行呢？这不跟国民党的裙带关系一样了吗？"

新中国成立后，组织上送彭起超到北师大附中读书。在校期间，彭起超得了胃病，甚至便血。但因住校，彭德怀并不知晓彭起超的病情。一天，彭起超到帅孟奇妈妈家去做客，与当时也在帅孟奇家的邓颖超巧遇。邓颖超、帅孟奇关心地询问彭起超的学习和身体情况。彭起超说："其他都还好，就是胃病复发了。"邓颖超很热心地嘱咐他："你可以经常买点水果吃。"彭起超随口说了一句："我是供给制，哪有钱经常吃水果。"没想到这件事很快传到彭德怀那里，引起了一场不大不小的误会。

不久以后，彭起超去看望伯伯，正好彭德怀在家办公，见到彭起超，顿时脸色沉下来，劈头就问："你怎么到处去要钱，去喊爹叫妈的？你是不是找过别人要钱买水果吃？"彭起超感到委屈，就如实向彭德怀说明情况，彭德怀的脸色才舒展开，他和颜悦色地说："你以后要注意，不要到处去叫苦了。人家看到你是彭德怀的侄儿，给你也不好，不给你也不好，千万要注意影响啊！"

1955年中国人民解放军进行评级授衔时，彭起超正在军校带职学习。根据他参军的年限、职务和表现，应该被授予上尉军衔，没想到结果却只授予了中尉军衔，而与他同年参军、同职务和初评时一样级别的同志都是上尉。彭起超实在想不通，于是带着不满情绪去找军校领导评理："为什么要压低我一级？"领导笑着说："这件事你不要找我，你去找你伯伯好了。"原来正是彭德怀向军校领导建议压低一级：彭起超是我的侄儿，对他一定要特别严一点！当时主持全军评级授衔工作的正是彭德怀，他必须秉公办事，让侄子降级也是为了避嫌。

　　在外人看来，彭德怀对彭起超似乎严厉得有点不近人情，实际上彭德怀是把彭起超当亲儿子看待。得知彭起超有胃病，彭德怀不但送钱送药，还亲自动手把馒头切成片，烤好后给他吃；见他裤子破了，就动手帮他缝补，并教他生活自理。但凡是在彭德怀权力范围或影响范围内的事情，或者是涉及品德方面的事情，他对侄儿侄女们的要求都要比一般人严。彭德怀常常告诉侄儿侄女们："想起牺牲的战友，我们这些人要好好工作。我们死后什么也不要留下，一身清白，就对得起长眠的战友了。"

（郑林华　撰稿）

刘伯承：
"唱戏要靠真本事"

刘伯承酷爱读书，是一位"儒帅"，初次接触他的人，都觉得他不像是一位英勇善战的元帅，反倒像是一位大学教授。在他言传身教之下，子女们都热爱学习。

儿子刘太行小时候很淘气，学习不太自觉，假期总想着玩。刘伯承尽管工作很忙，但对子女们的学习仍然抓得很紧。他经常抽出时间检查指导刘太行的学习情况，不但提供书本，还要刘太行背诵一些好文章给他听。当时刘太行不懂得爱惜书籍，一本新书到他手里往往用不了多长时间就破损了。有一次，他粗心地把刘伯承的一本书撕掉了半页。这当然瞒不过刘伯承的眼睛，但他没有发脾气，而是耐心地拿出抗日战争时期他在太行山上读过的书给刘太行看。刘太行发现虽然这些书纸张质量差，用的年头又久，但都平平整整，书中有很多眉批，还有不少修补的地方，看起来仍然十分清楚。刘伯承告诉他："书是个老师，而且是一个百问不烦的老师，随便你问它多少次，书从来不会生气发火，总是耐心地回答你的问题。因此你要爱惜书。"他把刘太行不小心撕掉的那半页书用白纸补贴起来，再用毛笔一笔一笔地把缺页的内容写上去。刘伯承补书的那种耐心的神情和细致的动作，深深刻在刘太行的脑海中，使他懂得了书本和知识的宝贵。

新中国成立前后，刘伯承率领第二野战军进军大西南。孩子们则留在了北京。尽管前方战事繁忙，公务缠身，但刘伯承仍经常给子女写信要他们好好学习，还利用一切机会教育子女。一次，刘伯承赴京开会，利用工作间隙，把刘太行兄妹叫到住处，让他们先读《中国青年》上发表的一篇文章《审判后的谈话》。这篇文章是苏联一个工程经济学家痛述他的儿子怎样由一个聪明的孩子堕落为欺骗、偷窃、酗酒、乱搞男女关系的流氓，最后犯罪被判刑，为此追述自己作为家长的责任并深深地忏悔。刘伯承以此为例告诫子女："由于爸爸为革命作了一些贡献，党和国家给爸爸优厚的待遇，你们是子女，近水楼台先得月，你们沾光了。你们在北京，又住在叔叔阿姨家，他们很爱护你们，你们是客人，你们要求什么他们总是满足你们。在这种优越的环境中，总觉得自己比别人高一头，容易产生骄傲自大的思想，其实你们真是一点本事没有，千万不能学那个教授的儿子。"他又语重心长地说："我们是打扫舞台的，把三座大山推倒了，把舞台整理好了，唱戏要靠你们，你们要想唱好戏，就要好好学习，唱戏要靠真本事。"

勤奋的刘太行顺利考上了哈尔滨军事工程学院。当时大学生很稀少，考上大学是很荣耀的事情，但大学课程显然更难，这使刘太行产生了畏难情绪。刘伯承知道后，经常写信鼓励他，放假时还专门给刘太行讲述他在苏联时怎么学习："我在那时，尽管汉语的水平较高，但是俄文连字母都不认识。一到军事院校，除了学习俄文外，还要学几何、三角。校内课程的教学，全是用俄文，困难是相当大的。但是我只有一个念头：学，刻苦地学！人家学一遍，我学十遍；人家学十遍，我学百遍。在军事学院时，我除了必要的休息外，就是学习，虽然我到军事学院比较晚，但到了毕业时，我的学习成绩比一般学员都好。我的诀窍只有一个：就是刻苦地学习。"

刘太行读大学期间，刘伯承看到教育部一个通报，又专门给他写了一封长信：这次教育部通报了一个高等学校的调查，"成绩优良者十人：八个是高级知识分子的子女，一个是农民儿子，一个是右派之子；而干部子女则一个也没有——可能这是不全面的调查，但是要警觉的，干部子女生活优裕，自由散漫，看不起人，认为学习没有意思，自甘落后——这必须大力教育，扭转某些落后的干部子女的坏意识，才能继承发扬革命传统。"什么是优良传统？刘伯承告诉孩子们，就是要脚踏实地为人民服务："没有那个大德大才就不要去当那个官，即使当上了，也不能很好地为人民服务。"

在刘伯承的严格教育下，子女们都热爱学习，成为学有专长的专业人才，为国家建设作出了贡献。

（郑林华　撰稿）

刘伯承：
"廉隅的品行，要靠平时俭朴的生活养成"

刘伯承认为，对于子女的教育要从儿童时期抓起，这样才有利于子女养成良好的思想观念和生活习惯。他不厌其烦地告诉孩子们"勤能补拙，俭以养廉"的道理，希望他们养成勤奋节俭的好习惯。

儿子刘蒙很小的时候，刘伯承就经常告诫他："一年之计在于春，一日之计在于晨。"他每天早上五点钟起床，经常同时也把刘蒙叫起来背书习字。

有一年秋天，刘伯承带领子女们去香山赏红叶。一家人刚到香山脚下，刘蒙就大喊："冲啊！"他急着往上爬想争第一，结果还没到半山就累了，蹲在路边玩起来。刘伯承鼓励他一定要坚持爬到山顶，并边走边给他讲起了故事：四川有两个和尚，一贫一富，两人都想去佛教胜地普陀山。穷和尚凭一瓶、一碗，用了一年时间，不但到了普陀山，而且从普陀山回来了。而富和尚虽然富有，但始终没有行动，所以一辈子也没有去成普陀山。故事讲完，刘伯承问刘蒙："普陀山离我们四川有几千里的路程。可是穷和尚去了，富和尚反而没去成。你说这是为什么？"刘蒙抢答道："因为富和尚光想去，没有实际行动呗。"刘伯承这才点题："对。这个故事告诉了我们一条道理，发挥人的主观能动性，通过人的努力，难可以转化为易。如果你不去努力，易也可以转化为难。我知道你在学习上有个毛病，缺乏脚踏实地、持之以恒的努力。以后不管做什么事都要有毅力才行。"听了父亲这个故事，刘蒙不得不信服。

从香山回到家后，刘伯承就去开会了，但他嘱咐妻子汪荣华拿一篇古文《为学》让刘蒙好好看看，并把他年轻时用于自勉的话写在一张书签上送给刘蒙。书签上写的是："人一能之，己十之，人十能之，己百之。"汪荣华告诉刘蒙：这句话的意思是，人家学一遍，我就学十遍，人家学十遍，我就学百遍。一个人可以用勤奋来弥补自己的不足，取得良好的成绩。刘蒙听后恍然大悟，明白了这就是"勤能补拙"的道理。

刘伯承深知"廉隅的品行，要靠平时俭朴的生活养成"，高尚的生活，往往与勤劳和节俭相伴。新中国成立之初，刘伯承就深刻指出："虚假的资产阶级生活，会养成真实的资产阶级意识，让大家注意不要因为党和人民给了我们优越的生活条件，就脱离群众，忘记人民，贪图享受，追求个人升官发财，形成新的资产阶级。"他一生简朴，知行合一。1985年，当129师的老部下去看望他时，看到他家客厅摆的还是那套用了20多年的旧沙发，沙发套那几块深蓝色或浅蓝色的大补丁，显然不是一次补上去的。他还经常跟汪荣华说："对孩子的生活，更要特别严格要求才行。不能让他们产生一种盲目的优越感，要让他们多向工农子弟学习。"

在他的带动下，子女们的吃穿用都很简单。刘蒙直到上中学穿的还是他姐姐穿过的女式旧军装。一些淘气的同学取笑他，叫他"黄皮"。刘蒙自尊心强，回到家里，嘟着嘴跟汪荣华说："以后我不穿这女式黄军装了。人家都笑话我。"汪荣华笑道："是啊，你都大了，等这件衣服穿破了之后，就不再让你穿女式衣服了。"

过了一会儿，她又说："你在生活上要向爸爸学习。你看他的棉鞋穿了好多年，补了好几次，不是还在穿吗？穿着干净整齐就行了。"父辈的精神旗帜，就这样成为孩子们健康成长的强劲动力。

（郑林华　撰稿）

贺龙：
从革命前辈身上吸取前行的力量

贺龙一生忠于党、忠于人民、始终对自己的战友们，特别是毛泽东等领袖们怀着深情厚爱。他特别注重教育子女要热爱和学习革命前辈，从他们身上吸取前行的力量。

贺龙十分崇敬毛泽东，常常教导孩子们要热爱毛泽东，学习毛泽东思想。从儿女们幼年起，贺龙最爱对他们说的话就是："孩子们，你们可不要身在福中不知福呀！"儿女们一听到这话，就知道父亲又开始给他们讲毛泽东的伟大功绩和光辉思想了。每次见过毛泽东，贺龙回到家后就叮嘱他们要时刻牢记毛泽东的教导，还耐心地给他们讲毛泽东的生活情况，教育他们学习毛泽东勤奋好学、艰苦朴素的优良作风。

有一次，贺龙回家后兴致勃勃地对孩子们说："嘿，毛主席的厕所太'高级'了，真叫人佩服！"看见父亲神情激动，孩子们好奇地问："厕所还能怎么高级？"贺龙笑笑回答："里面可全是书！"儿女们惊讶不已："爸爸，毛主席的厕所里怎么会全是书？"贺龙解释道："毛主席厕所里摆着书架，上面全是书。如厕时想看什么书，伸手就可以抽出来看。毛主席知识那么渊博，上厕所也不忘学习呢！你们都要学习毛主席这种学习精神。"听了贺龙的一席话，孩子们对毛泽东的学习精神有了更深刻的理解，对毛泽东的敬佩之情更加浓厚。

儿女们长大一些后，贺龙便反复督促他们："不认真学习毛主席著作，就是不听党的话，就是党性不纯的表现！"即使在生命最后阶段，贺龙仍不忘写信勉励孩子们："要好好地经受革命风雨的锻炼，无论发生什么情况，也要跟着党、跟着毛主席干革命！"他指着自己亲手抄录的一大叠毛泽东的文章，对妻子薛明交代："留给孩子们吧！这是咱们家的传家宝！"多少年后，贺龙的子女们仍记忆深刻："在关于爸爸许许多多难忘的记忆中，我们印象最深、永远铭记的就是爸爸对伟大领袖毛主席那极其深厚的无产阶级感情。"贺龙对毛泽东朴素真挚的情感，深深地感染、教育和激励着自己的孩子们。

贺龙注重引导子女虚心向其他老一辈无产阶级革命家学习，学习他们的卓越智慧和英勇无畏。有一次，警卫战士正在教贺龙的儿女们学刺杀，孩子们也不懂要领，只是带着护具端着枪，凭着一股蛮劲练习。叶剑英和聂荣臻正巧走过来，看孩子们练了一会儿后，叶剑英把贺鹏飞的枪拿过去，做了示范动作。叶剑英那时已年近70岁，拿起枪仍然威风凛凛，动作精准而有力，他边做边耐心地讲："过去的一种刺法，防左防右刺，不是跨前一步迎敌，而是向后缩一步，拨开敌人的枪刺，自身如满弓待发，再刺向敌人。"孩子们回家后兴奋地把这事告诉了贺龙，贺龙对儿女说："这些伯伯叔叔们都是党和人民的宝贵财富，要热爱他们，学习他们。"接着就开始给孩子们讲叶剑英和聂荣臻两位元帅的战斗本领和英勇故事。当讲到长征中叶剑英挺身而出保卫毛泽东、保卫党中央安全之事时，贺龙流露出的敬佩之情给孩子们留下了深刻印象，孩子们受到了很大教育。

贺龙儿女们始终牢记父亲的谆谆教诲，对于老一辈无产阶级革命家，贺龙的大女儿贺捷生少将曾深情地说过："他们活着或死去，都有资格成为我们光荣的父辈，我们伟大的父亲。我们真应该为有这样的父亲和父辈，感到骄傲。"

（黄亚楠　撰稿）

贺龙：
做有用之人，行大义之事

贺龙对子女疼爱有加，但在教育问题上从不含糊。他向儿女表达爱的方式就是严格要求。他以身作则，言传身教，令子女在潜移默化中学会做有用之人，行大义之事的人生道理。

贺龙向来注重子女的学习，强调"又红又专"。他经常告诫儿女，要珍惜现在这么好的条件，用功读书学本领，不能追求个人享受。每当孩子们学习不努力的时候，贺龙就严肃地讲："我们家祖祖辈辈没有人读书，现在条件这么好，你们不好好学习，能对得起党和毛主席吗？"

贺龙从不娇纵儿女，希望孩子们在困苦的环境中通过学习和锻炼，磨炼意志。儿子贺鹏飞出生时，贺龙年近半百，他对贺鹏飞"宠爱"的方式就是严要求、不娇惯。上学时，贺鹏飞踢足球不小心把腿摔骨折了，休养了几天，伤还未痊愈，石膏绷带还没取，贺龙就让他拄着拐杖去上学了，还半开玩笑地开导："不要娇，要坚持，打仗的时候，带着伤不也一样执行任务吗？"还有一次，孩子们去参加农村生产劳动，回家后贺龙见到他们滚了一身泥巴，便哈哈大笑地说："改造世界观，就是要滚一身泥巴！"

贺龙总是勉励儿女不要依靠任何人，要通过自己的努力去争取，靠自身的本事养活自己，实现人生理想。贺鹏飞读书十分刻苦，他的理想是考上清华大学，可惜第一次报考失利了。他想，在这人生的关键时刻，父亲要是出面帮帮忙，给学校打招呼将自己招进去，该有多好。贺龙得知他的想法后，非常生气，当即告诫贺鹏飞："要想实现人生理想，唯一的办法就是通过自己的努力，再没有第二个途径！"贺鹏飞听了父亲的话，顿感羞愧不已，于是下决心勤学苦读，复读一年后，终于考上了梦寐以求的清华大学。

解放初期，贺龙的外甥向楚才到重庆探望他，并请求舅舅帮忙安排个工作。贺龙便教导外甥："革命胜利了，我们见天了！你妈妈我的四妹贺满姑为革命死得好苦啊，你是烈士的后代，更要听党的话，听毛主席的话，还是回到农村坚持在农村干革命，把家乡建设得更好！"向楚才听了舅舅的话后回到农村，20多年来一直在农村工作。后来，贺捷生在接受采访中讲："父亲光明磊落，从来都不推卸责任；父亲对我们要求严格，不要我们有半点特权思想。这对我们的成长影响深远。"

贺龙相信身教重于言教。他一生永葆艰苦朴素、勤俭节约的本色，成为激励晚辈成长的精神动力。新中国成立后，贺龙将自己在抗战时穿的一件大衣，干干净净地传给了儿子贺鹏飞。后来，贺鹏飞将这件大衣传给了妹妹贺晓明。再后来，贺晓明又将这件仔细缝过不知多少补丁的大衣传给了小妹贺黎明。贺黎明穿着这件大衣到延安去插队，返京时又将这件大衣干干净净地送给了陕北乡亲。贺龙平日里工作繁忙，与儿女交流最多的时候便是在饭桌上。吃饭时，贺龙要求他们碗里不准剩饭，桌上不准掉饭，吃完后要把自己用过的碗筷洗干净放好。后来，贺晓明在接受采访中谈到："父亲说饭桌上不能掉米粒。我们掉的米粒，他都一粒一粒捡起来吃掉。他这么做，我们就跟着学，学节俭，不挥霍浪费。"

贺龙还非常重视孝道，每到自己父亲的忌日，他都会把儿女们召集在一起，让他们逐一对着爷爷的照片拜一拜。在贺龙看来，这是真诚地对长辈表达追思和悼念的方式，父母给了我们生命，我们才会有今天，要始终秉承着一颗感恩的心，才更有走向未来的动力。贺龙的儿女们耳濡目染，走上工作岗位后形成个规矩：每天兄弟姐妹中必须有一人在家陪着老母亲薛明吃饭。

贺龙告诫子女："依靠自身努力，做有用之人，行大义之事才是根本，不要求你们成名成家，也不要想去做什么大官，但必须有一技之长，这样，于己于国家都有利。"在贺龙的子女们看来，父亲是一部博大精深的书，永远学不尽读不完，受益一生。

（黄亚楠　撰稿）

陈毅：
"人民培养汝，一切为人民"

无论是在战争年代还是和平年代，陈毅一直把人民比作"重生亲父母"。"一切为人民"是陈毅家风家教中最尊崇的信条。

陈毅善于抓住一切时机教育儿女要为人民服务。陈毅与妻子张茜育有三子一女：陈昊苏、陈丹淮、陈小鲁、陈珊珊。陈昊苏16岁生日的时候，陈毅想赠送他一个有纪念意义的礼物，思来想去决定送他一套《毛泽东选集》，还在扉页上题词："读毛主席著作，要学习他的高尚品格、他的敏锐思想、他的艰苦作风和他一生为人民服务的伟大精神。"有一次，陈毅看到陈小鲁在诵读毛泽东的《沁园春·雪》，陈毅一边赞扬他读得有声有色，一边给他讲解诗词内容。当读到"数风流人物，还看今朝"时，陈毅问："小鲁，你知道这句诗揭示了什么道理么？"陈小鲁疑惑地摇摇头。陈毅耐心地解释："这句话揭示了唯物史观的一个基本原理，也就是毛主席说的'人民，只有人民，才是创造世界历史的动力'，人民是真正的风流人物。你们长大了要为人民服务。"这一席话令陈小鲁深受启发。多少年以后，陈小鲁在接受采访时仍念念不忘："家父对我们说得最多的，就是我党的根本宗旨——为人民服务。"

陈毅十分注重对儿女的教育方式，曾多次作书以示儿女，教导他们敬畏人民，感恩人民。1961年，陈丹淮考上哈尔滨军事工程学院。陈毅因公事无法送行，遂写下《示丹淮，并告昊苏、小鲁、小珊》一诗，告诫他们做人做事的道理。诗中写道："汝是无产者，勤俭是吾宗。汝要学马列，政治多用功。汝要学技术，专业应精通。勿学纨绔儿，变成百痴聋。"他还恳切地告诫孩子们，"人民培养汝，报答立事功。祖国如有难，汝应作前锋"，最后他不忘嘱咐儿女"人民培养汝，一切为人民"，希望子女永远把人民放在心中最高的位置。字里行间，尽显陈毅对子女的殷殷期盼。除了教育子女，陈毅还经常警示自己，他为自勉而作的《七古·手莫伸》提到："党与人民在监督，万目睽睽难逃脱。……第一想到不忘本，来自人民莫作恶。第二想到党培养，无党岂能有所作？第三想到衣食住，若无人民岂能活。"这样的话，朗朗上口，让孩子们也同样受到教育。

　　陈毅还特别重视教育自己的子女要将个人的道路选择同人民的需要相结合。1958年春，陈昊苏上高二，陈毅作为家长应邀到其学校作报告。报告中陈毅讲："每个人都要选择自己的生活道路，如果这种选择符合了人民的愿望，也就是顺应了历史进步的要求，那就能够决定性地帮助这个人赢得人生事业成功。……走建设社会主义和为人民服务的革命道路，就是你们能做出的正确选择，同时也能经受住历史对你们的选择。"父亲的这番真知灼见，使陈昊苏及其同学终身受益。一年后，陈昊苏即将毕业，陈毅找他谈话，询问他关于报考大学专业的想法。陈昊苏觉得自己擅长文科，报考文科更有把握。陈毅提出了不同建议："现在国家最需要的是工科人才，向高级科技进军是时代的召唤。我年轻时上过成都甲种工业学校，想要走发展科学和实业报国的道路，但当时政治腐败、经济落后，学工科报国无门，所以才转而投身革命。现在是新中国的时代了，正在下决心解决发展科学推动经济建设的问题。若选择工科，就能够为国家为人民作出最大的贡献。"陈毅的话让陈昊苏打定主意报考工科，并决心做人民最需要的人。

对妻子、父母和亲友，陈毅同样要求他们凡事都从人民的角度出发考虑问题。1951年，时任华东军区司令员兼上海市市长的陈毅赴福建视察，因患病回上海治疗。在住院期间，陈毅给父母写了封家信，内容亲切质朴、意味深长。提到亲友来沪必须按例招待之事时，陈毅解释道："一切均从人民出发，儿窃愿勿愧於此，故不得不反复言之。"这样的话掷地有声，尽显陈毅的革命本色和公仆情怀。晚年的陈毅虽患病在床，依旧不忘嘱咐亲人："你们要好好工作，不要担心我的身体，我会慢慢好起来，好了以后还想为党、为人民多做些工作。"

（黄亚楠　撰稿）

陈毅：
"手莫伸，伸手必被捉"

陈毅元帅曾在一首诗中写道："手莫伸，伸手必被捉。党与人民在监督，万目睽睽难逃脱。"这几句诗一针见血，振聋发聩，既是他的自警，也是他严以治家的铁律。

陈毅教导子女不向党和人民伸手，要求子女学会谦逊低调，任何时候都不准搞特殊化。建国初期，陈毅将大儿子陈昊苏和二儿子陈丹淮送到南京市汉口路小学读书并交代他们："当别人询问父亲姓名时，只准说化名'陈雪清'。"之所以这样安排，一是基于安全考虑；二是在陈毅看来，自己是军队领导，自己的子女在军营里读书，可能会引人注目，易使子女产生优越感，滋长骄傲情绪。他希望自己的孩子做一名简单普通的小学生，与同学打成一片。陈毅的子女始终谨记父亲不准搞特殊化的教诲，一直保持谦虚谨慎的优良作风，从不向人炫耀自己的父亲，也从不主动向人提起父亲的名字。即使后来三儿子陈小鲁与粟裕唯一的女儿粟惠宁喜结连理时，因正逢夏天，也仅用清甜可口的大西瓜接待来祝贺的亲友，低调朴素的"西瓜宴"就成了他们人生中最重要的"婚宴"。

除对子女严教外，作为孝子的陈毅经常劝诫父母不向党和人民伸手，一分一毫切记公私分明，决不能以权谋私。上海解放后，陈毅出任上海市市长。陈毅的父母从四川老家来到上海。陈毅和妻子张茜因工作繁忙不能经常陪老人在市里游玩。可两位老人在家里实在坐不住，想多出去逛逛，于是就瞒着陈毅，邀请在上海工作的侄子陈仁农陪同。陈仁农私下联系陈毅秘书备好车，方便带老人出去观光。不久，这个"秘密"行动就被陈毅知道了。陈毅立刻出面制止，严肃诚恳地对父母讲："我是你们的儿子，也是人民的儿子，我们每一个人都要遵守革命纪律。"陈毅晓之以理动之以情，与父母"约法三章"：一不得随意动用公车；二不要借用市长的名义外出办事；三没有特别的事，不要随意外出。后来，两位老人打算回四川老家住，陈毅又向工作人员专门交代了三条安排意见，再次"约法三章"：一把两位老人直接送到妹妹家，不要惊动省委；二找普通民房住，不得向机关要房子；三安家事宜自行解决。对于陈毅的多次"约法三章"，陈毅父母之后再未违约。

　　陈毅注重教育身边亲属不向党和人民伸手，主张他们要学有专长，立身有道，努力为党和人民作出贡献。陈毅侄儿陈德立和侄女陈德琦在接受采访时谈到二叔陈毅的严格。他们说，对他们印象最深刻的就是父亲陈孟熙和表哥杨仲迟想让二叔陈毅安排工作被拒的事。当时，陈毅的大哥陈孟熙和侄儿杨仲迟陪同陈毅父母到上海，希望陈毅给他们安排个工作。他们觉得陈毅是堂堂上海市市长又十分孝敬父母，有二老帮忙说话，找工作的事肯定能解决。见面后，陈毅热情接待了他们，建议他们到上海革命大学读书学习。从革命大学结业之后，他们满以为马上就会有工作了。可谁知，陈毅把他们叫到身边，拉着他们的手语重心长地说："你们是我很亲的亲人，但我作为国家的普通工作人员，不能破格办事，我不能为你们安排工作，你们把父母送回去，但不能惊动了成都市委和军区。"从此，家里再也没有亲戚找陈毅伸手要工作要好处。

陈毅的几十个侄儿、侄女没有一个人的工作，是动用陈毅的关系安排的。

陈毅曾给父母写过一封家书，信中谈到妻子张茜到北京俄专学习一事，认为"立身有道，学有专长"是新中国为人做事的根本原则，并恳切希望双亲将此意转告各位弟兄姊妹及下辈，还感慨道："中国人人人如此，何愁不富强！"陈毅的言传身教，让亲人们时刻将这句箴言铭刻在心头。

正人必先正己，治国必先治家。陈毅时刻坚持原则，处处廉洁奉公，始终清醒地认识到家风的好坏关系的不仅是一身之进退、一家之荣辱，更关系到一党、一国之兴衰。陈毅严于律己、从严治家，为世人树立了典范。

（黄亚楠　撰稿）

罗荣桓：
"不能对我有其他依靠"

罗荣桓在大女儿罗玉英出生后就去参加秋收起义了，罗玉英一直生活在湖南衡东老家，直到1950年初才和丈夫陈卓到北京与离别20多年的父亲相聚。

离开家乡前，乡亲们听说罗荣桓担任中国人民解放军第四野战军政委，都高兴地向她祝贺，有人还用旧社会的老眼光看共产党："你爸爸当了大官，以后你可有依靠了，啥事也不用操心了。"听了乡亲们这些议论，罗玉英心里美滋滋的。罗荣桓从她一封来信中察觉到了这种思想，立即回信教育她：

你爸爸二十余年来是在为人民服务，已成终身职业，而不会如你想的是在做官，更没有财可发，你爸爸的生活，除享受国家规定之待遇外，一无私有。你弟妹们的上学是由国家直接供给，不要我负担，我亦无法负担。因此陈卓等来此，也只能帮其进入学校，不能对我有其他依靠。

罗荣桓的教育对罗玉英的思想震动很大。来到北京后，一次，她问父亲："什么是为人民服务？"罗荣桓告诉她："就是为人民做事情哟，吃人民的，不为人民做事怎么行？我就只有一个肾了，还在为人民做事情。"罗荣桓以一种幸存者的心态感叹道："多少先烈为了我们今天的幸福献出了他们宝贵的生命。我们必须努力为党工作，保卫好、建设好这个新中国，才对得起他们啊！"

由于在老家没能上学读书，罗玉英刚到北京时文化水平很低。罗荣桓要求她努力学习："不识字怎么能为人民多办事，办好事情呢？"罗玉英当时已经20多岁，又刚生完孩子，记忆力退步，对识字读书颇感为难，罗荣桓便鼓励她：关键在有没有决心。他还告诉女儿可以用读报纸上文章的方式进行学习："这样既识了字，学到了文化，又可以了解政治时事，开阔眼界。"在父亲的鼓励指导下，罗玉英刻苦学习，到1950年底就考上了工农速成中学预备班，此后她更加刻苦学习文化了。

罗荣桓对子女的严格要求是多方面的。他常讲，艰苦奋斗是传家宝，有了它就不会忘本，就不会脱离群众，就能始终精神振奋，斗志旺盛，永葆革命青春。

罗玉英刚到北京不久，一次她准备到街上去补一条破了的裤子，正巧被罗荣桓看到，当即批评她："为什么不自己补？刚出来就忘本啰！"她的脸一下子红了。此后她时常告诫自己：千万不要忘本！罗荣桓还经常嘱咐罗玉英、陈卓夫妇："你们不但要工作好，学习好，还必须教育好子女。"因此，他们在日常生活中也很注意对孩子严格要求，进行艰苦奋斗的教育。

1954年，由于身体不好，罗玉英难以坚持学习，便要求提前分配工作，这得到了罗荣桓支持。她满以为父亲为了照顾她的身体，一定会在城里的大机关给她找一个合适工作。没想到罗荣桓却要她到工农群众中去，到基层、到艰苦的地方去工作，去学习，去锻炼自己。不久，组织上把她分配到北京郊区一个农场。农场条件比较艰苦，交通也不方便，每周六她要步行10多里路乘公共汽车回家，这对于一个孩子才三四岁的年轻妈妈来说，确实不是易事。两年多里，她和农场职工们一起工作，一起学习，一起劳动，不但思想得到锻炼，还学到不少书本上学不到的知识，身体也有明显好转。由于各方面表现好，1955年她光荣入党。

1961年冬，正值国民经济困难时期，罗荣桓到广州养病，路过湖南老家时，他叫罗玉英夫妻俩代他回老家看看。行前他再三叮嘱：要问候村里的贫下中农，绝对不要搞特殊化，吃饭要交钱，老乡家请客不要去。还要他们做调查研究，了解农村的生产情况。最后罗荣桓还给他们定了一条纪律：和社员一起参加农业劳动。罗玉英夫妇按照交代去做了，罗荣桓非常高兴。

在罗荣桓的教导下，罗玉英后来也成为一个公道正派、实事求是、艰苦朴素的政治工作者。

（郑林华　撰稿）

罗荣桓：
"你们从我手里继承的，只有党的事业"

罗荣桓在十大元帅中有"政治元帅"之誉，叶剑英称赞他是"人类庄严一典型"。他的"庄严"或许首先表现在公私分明上。

妻子儿女、兄弟姐妹，可谓人之至亲，对于这些最亲近的人，一般人往往是制度约束让步于亲情，罗荣桓却从不偏私。在担任东北野战军政委时，组织上准备把他夫人林月琴分配到东野政治部组织部担任副部长，罗荣桓却开导她："你在山东曾做过组织工作，这岗位对你是适合的，但是，为什么要去当什么副部长呢？我看就不要那么些'长'字了。"在罗荣桓建议下，林月琴办起了干部子弟学校。

罗荣桓的弟弟罗湘1949年3月在衡山拉起一支队伍，号称中国人民解放军湘东支队，解放军将其整编后，了解到他是罗荣桓的弟弟，便打算任命他为师副政委。罗荣桓知道后立即制止："罗湘不是党员，不能担任此职。"

长子罗东进出生于抗战初期罗荣桓率八路军115师东进山东前夕。当时战斗频繁环境恶劣，罗荣桓夫妇根本无法照顾他，只好把他寄养在老乡家里，直到他5岁以后才回到父母身边。尽管幼年营养不良身体薄弱，但父母并没有利用公家给的待遇照顾他。

新中国成立后，罗东进随父母到北京，就读的学校离家很远。他平时在学校寄宿，周六才坐公共汽车回家。一次因为有事回家晚了，他就坐了父亲的小汽车。罗荣桓知道后，严厉批评："这样不好！汽车是组织上给我工作用的，不是接送你们上学的。你们平时已经享受了你们不应当享受的待遇，如果再不自觉就不好了，那会害了你们自己。"后来有一次，罗东进因为没有搭上公共汽车，就徒步从学校走回家，得到罗荣桓表扬。

不占用公物，也是罗荣桓的鲜明特点。罗荣桓在长期的革命生涯中积劳成疾，身患重病，但他从不因为有病而要求什么特殊照顾。一次，他住院后回到家里，发现多了四张靠背椅，就问秘书："哪里来的靠背椅呀？"秘书回答："总后送来的。"他马上问："给钱了吗？"得知没有付钱，他立即要秘书把椅子退回去。秘书解释："总后的首长说，因为您有病，办完公好靠着休息休息。"他说："乱弹琴，我一个人害病，用得着四张椅子吗？"看到秘书很为难，他最后稍为妥协了："不退也成，一定要照原价给钱，用我的薪金。"照价付款后，这几张靠背椅才留了下来。后来他常常因心脏病发作卧床不起，医生为了能让他在床上看文件、读书、找人谈话方便些，就从北京医院借来一张摇床。他批评医生说："医院有许多病人比我更需要，怎么能把医院的床搬到自己家里来呢？"林月琴怕医生为难，委婉地说："你不同意借，咱们自己出钱做一张可以吧？"最后林月琴拿了400元到上海订制了一张摇床。当时普通工人一个月的工资才几十元就可以养活一家人，这400元即使对于罗荣桓一家，也算是一笔巨款。

当官不是做老爷，罗荣桓虽然身体不好，但对于坐滑竿之类的事是坚决拒绝的。一次，他在杭州休息时去北高峰游览。因为山比较高，军委办公厅警卫处担心他的身体受不了，便给他准备一副滑竿跟在后面。走到半路，警卫处的同志悄悄告诉随行医生：

"路不好走了。你去讲讲,请首长坐滑竿吧。"医生走到罗荣桓跟前一说,他听了直摆手,头也不回,拄着手杖径直向山上走去。回去后他批评医生:"你这个同志搞什么名堂!我是出来休息游览的,又不是来工作,怎么能叫人抬呢?"医生解释:"你身体不好,抬滑竿的都是我们自己的同志,又不是雇来的。"罗荣桓连连摇头,很严肃地说:"不好。不用说叫我坐了,让他们跟在后头也不应该。想也不应该这样想嘛!"

　　罗荣桓不止是平时在大事小情上公私分明,即使在弥留之际,他还拉着林月琴的手嘱咐:"我死以后,分给我的房子不要再住了,搬到一般的房子去。"他生前经常告诫子女:"你们从我手里继承的,只有党的事业,其他什么也没有。"子女们没有辜负他的期望和教育,都继承了他的优良作风。

(郑林华　撰稿)

徐向前：
"求学之道如攀险峰"

徐向前元帅戎马一生走过的道路，也是他勤勉学习、念兹在兹的道路。从儿时接受启蒙教育，到考入国民师范学校；从就读黄埔军校，到筹办抗日军政大学，他一直"好学不倦"，并深深影响着家人。

在烽火硝烟的战争年代，徐帅常常一个人静思默想，养成了读书、思考的习惯。战斗间隙，他笔耕不辍，写下《开展河北的游击战争》《敌寇在华北战略战术的演变及其特点》等重要文稿。建国后虽然身体多病，但坚持工作和学习，即使80岁高龄后，还写作了《重视知识、尊重人才，加速我军建设》《红军不怕远征难》等关心军队建设的文章。

徐向前不但自己爱学习，而且以身作则影响着子女。女儿徐鲁溪说：身为父亲的徐向前在对子女的教育上还是相当宽松的，"但是，宽松并不等于没有要求"。

一次，徐鲁溪放假在家，父亲就对她说，希望她能"多读一些理论性的东西，读一些对年轻人思想品德的树立和培养有用的书籍"。为此，还特意让她认真读两本书，"一是《毛泽东选集》，二是黑格尔的《小逻辑》。"并一再要求她"好好地学点逻辑"。

在父亲潜移默化影响下，徐鲁溪自小学习就很优秀，1960年高中毕业时，自己考取了中国科技大学物理系。而且，她的高考成绩也让父亲感到很骄傲，因为数学和物理都是满分。参加工作后，她也始终没有放松学习。上世纪80年代，徐鲁溪参加第三次全国人口普查工作，负责有关计算机软件开发项目。她深学细做，成绩斐然，也因此获得了国家科技进步一等奖。

在教育子女如何学习上，徐帅特别强调要有恒心，有毅力，不怕困难，要有吃苦的精神。1980年，清华大学计算机专业毕业的儿子徐小岩，自费到加拿大留学，继续攻读电子计算机专业。在外学习期间，他边学语言，边学技术，学习和生活异常艰辛。1981年3月27日，徐向前和夫人黄杰寄语徐小岩，鼓励说："求学之道如攀险峰，在前进途中要善于在迂回曲折过程中选择适当的途径，要有坚韧不拔的毅力，克服艰险困难，才能达到目的。"

徐小岩没有辜负徐帅的期望，学成归国后，回到第二炮兵研究所，投入汉字信息处理系统研究开发工作。他参与研发的"JH汉字处理信息系统系列"被第二炮兵评为科技进步奖，并获得全军科技进步奖。他勤于学习、善于钻研，成为了父亲的骄傲。

在父母的影响下，徐帅的小女儿徐小涛也养成了好学和自立的品格。她在内蒙古兵团插队时，被推荐到北京医科大学就读，毕业后从医。

徐向前"好学不倦"的品德，对子女来说，是一笔丰厚的精神财富。在徐帅的大家庭里，子女们通过学习进取，取得好的成绩，也都在自立自强中续写着家风传承。

（张建军　撰稿）

徐向前：
公私分明的家规

徐向前廉洁奉公，无论在战争年代还是和平时期，生活上从来不提个人要求，始终自律自俭，并且严树清廉家风，要求子女自强自重，不能利用他的威望拉关系、搞特殊。对那些上门送礼的、请托办事的亲友、熟人，他交代工作人员："一切应酬馈赠全部谢绝"，有事"公事公办"。

1949年4月，徐向前率部攻克太原。家人闻讯后，两个姐姐前来探望。他对姐姐说："你们来只能住几天，我吃什么你们就吃什么。我也没有什么可以送给你们，东西都是公家的。"

建国后，徐向前更加严格要求自己，保持着战争年代与士兵同甘共苦的品质，决不搞特殊。他对家人的要求也非常严格。有一年，女儿徐鲁溪所在的单位调整住房，她一家三口从多年居住的8平米小屋子，搬入了新住所。为此，徐向前对她好一顿"审问"，想看看是不是特殊照顾。最后了解到确实是单位正常调房，这才安下心来。

小女儿徐小涛中学毕业后，被派去内蒙古插队。当时她年龄尚小，身体也一直不好，只要徐向前向有关部门反映下情况，可以免除插队。但徐向前不开这个口，而是说："孩子的路要靠自己去走"。徐小涛听从父亲的话，背起行李，就去了荒凉的大草原。

在徐向前以身作则和严格要求下，家里人都非常自律，不搞特殊，不占公家便宜。特别是在用车上，非常自觉。徐小岩是徐向前的独子，上小学时，徐家已经来到北京，住在史家胡同。读书的学校是八一小学，当时同学中很多是干部子女，也有互相攀比家庭的情况，但他对此毫无概念，因为从没有觉得家里有什么特权。在徐小岩的记忆中，家人疼爱归疼爱，可即便是母亲，每天也都和大家一样坐公交车上下班，从不能使用父亲的专车。

徐小岩上学路程很远，从家到学校坐公交车，要倒一次车，车费两毛五分钱，每次家里会给三毛钱。那个时候，学校的伙食不算好，他有时就会拿钱买点炸灌肠、小年糕什么的吃。这样，把车票钱吃了，就只能走回家了。一次，他从下午两点放学，一直走到晚上六点多才到家。即使如此，徐小岩也从没有坐过父亲的车。

徐向前不仅对儿女要求严格，而且对孙辈也是如此。徐小岩的儿子刚出生不久，徐向前就亲自给孙子取名"徐珞"。"珞"的本意是有棱有角的坚硬玉石，他是希望自己的孙辈能像玉石那样坚强。自然，孙子也没有得到徐向前的额外关照。

徐珞在小的时候，随母亲王彦彦去看电影，也都是自行前往。当时，中南海每星期在怀仁堂放电影。王彦彦让人帮着做了一个挂斗，安在自行车后面，想看电影的时候，就让徐珞坐进去，自己骑着去中南海。站岗的警卫战士看到这辆特殊的自行车，就开玩笑说："没有一家是坐这个车来看电影的。"

侄孙女在黑龙江北大荒插队，侄子想让元帅叔叔关照关照，让孩子去当个兵。徐向前明确地对侄子说："我不能破这个例。孩子要当兵，就按正常手续办，不许走后门。"后来，侄孙女靠着自己的奋斗，在北大荒边劳动、边自学，考取了大学。

在徐帅家的客厅，有一幅红旗牌轿车的照片。徐小岩曾对客人说:"那是父亲的专车,母亲和我们姐弟都几乎没坐过,但印象很深","公私分明一直是我们家的家规。"

(张建军　撰稿)

聂荣臻：
始终保持简朴生活

聂荣臻生活简朴，不吸烟，不喝酒，不讲究吃穿，不铺张浪费，直到晚年，仍然是老样子。他家里的摆设也很随意，客厅里连张字画都没有。家里的很多东西是解放初置办的，有些还是战争年代留下的。

聂荣臻在家里对节约抓得很紧。他和夫人几次让工作人员研究，订出节约水电的措施，搞责任制，落实到人。他对家里人要求也同样严格。如果谁离开房间没有关灯，就会批评提醒，让大家养成"人走灯灭"的习惯。

聂帅坚决反对只图安乐享受。他时常引用《朱柏庐治家格言》中的话说："一粥一饭，当思来处不易；半丝半缕，恒念物力维艰。"他常用"一块银元"的故事教育家人。那是他红军时期积存下来的伙食尾子，现在存在中国人民军事博物馆里。他时常深情地说起红军时代生活艰苦的情景，让家里人再好好地读一读毛泽东的《井冈山的斗争》，在思想上认识崇尚简朴的意义。

在他的教育影响下，一家人都衣着朴素，粗茶淡饭，生活简朴。

夫人张瑞华与聂帅风雨同舟几十年，也最懂他的心，生活中一直是朴实无华。早在革命之初，夫妻二人在广东省委从事党的秘密工作时，张瑞华就甘于坚守清贫与艰辛。到了晚年，张瑞华始终保持简朴生活，特别是在操持一家人的饮食起居上，坚持简简单单。就是祝贺聂帅80岁生日这样的"大事"，张瑞华也是在家里亲手做上一顿长寿面给大家吃，决不到外面大操大办，铺张浪费。

女儿聂力继承了崇尚简朴的好家风。在张家口上小学的时候，父亲曾经将缴获的一个日本黑皮包送给她做书包用，要她好好学习。她很爱惜这个书包，用了很多年，即便早就破损了，也一直保留在身边，舍不得扔。解放初，聂力在师大女附中上学的时候，从不和别人比穿着打扮、比新潮，而是把精力全部放在学习上。她一身灰色的布棉袄、灰色的布棉裤、灰色的布棉鞋，得了"灰姑娘"的雅号。

在聂帅这个大家庭里，外孙女聂菲也从小懂得艰苦朴素。裤腿短了，接一块，继续穿，从不跟别的同学攀比，也不乱花钱。有一次，聂菲放学后，和小伙伴儿相约到街上买零食，挑来挑去，最后只买回来一块果丹皮。聂帅看了，笑着说："我就知道，你最多也就是花几分钱，买个果丹皮解解馋。"这么一说，大家听了都哈哈大笑。

聂帅还曾经将一床用了多年的羽绒被交给女儿和外孙女使用，那是白求恩牺牲前赠送给他的。对这床看似普通的羽绒被，聂力倍加珍惜，自己用了又给女儿用，缝缝补补，成了聂家的"传家宝"，直到后来被作为文物捐献出来。

（张建军　撰稿）

聂荣臻：
厚道家风

聂荣臻元帅为了党和人民的利益，从不计较个人得失，被毛泽东称为"厚道人"。他的这种品德深深影响着家人，形成了聂帅独具特色的厚道家风。他常对家人说："待人要厚道，要懂得如何尊重别人，诚恳待人。只有待人以诚，人家才能与你以诚相见。这就是互相尊重，就是谦虚谨慎。"

聂荣臻厚道的家风首先来自对中国优秀传统文化的继承。一次，他在和子女探讨"对人要诚恳厚道，讲信义"的道理时，对他们解释说：旧社会过年，很多人家贴门联，其中常贴的就有"忠厚传家"、"诗书继世"；中国传统的道德信条中，"厚"是很重要的一条，是"美德"之一。

聂荣臻厚道的家风其次来自他本人长期的品德修养。女儿聂力说："他对党，对领袖，对战友，对下级，对同志，对普通人，都是一样的厚道。对身边的工作人员，哪怕是面对一个普通护士，面对一个普通战士，说话时他也非常注重礼貌，不管让别人做什么事，他都要说'请你'什么的，从不颐指气使，指责别人。"

关于如何与人共事，一次，他对女儿聂力说："要善于与人共事，不要什么事都以自己想法为标准而去与别人相争。真正原则性的分歧，必须讨论清楚，是与非要明白；工作上的意见分歧，有时也可争辩，但要心平气和，不可盛气凌人。至于个人之间一般性的分歧，最好采取'和为贵'的态度。因为谁是谁非很难说清，大多是由于个人经历、性格、爱好等等不同造成的。朋友间的这类差异产生的分歧，只能互谅互让，互相尊重，以'和为贵'的态度来解决。"

聂荣臻的厚道深深影响着家人。女儿聂力说："父亲厚道惯了，全家人都受他的影响。"作为聂帅的独生女儿，聂力厚道做人，踏踏实实在国防科研战线工作多年，特别是走上领导岗位后，她关心、爱护科技工作者、为知识分子排忧解难，赢得了众多科技工作者的真诚信任。

上世纪80年代初，聂力受命"银河－Ⅱ"10亿次巨型计算机研制任务，成为挂帅出征的领导之一。负责研制"银河－Ⅱ"图形软件的乔国良教授不幸患了肝癌，聂力亲自把乔教授安排到北京五一四医院，尽最大努力抢救。同时安排乔教授的夫人同行，让病人尽可能得到最好的照顾。聂力还多次到医院看望，让他安心养病，不要牵挂工作。对聂力的关心，乔教授深受感动。他最后一次从昏迷中醒来时，看到病床旁的聂力，便挣扎着坐起来，用颤抖的手臂，向聂力敬了一个军礼。

在"银河－Ⅱ"研制成功的庆功大会上，陈福接总指挥代表计算机所全体人员在给聂力的信中写道：大家都知道您是真心关心我们的。"这十几年研究所的成绩与发展是与您紧密相关的，有了您，我们才有了主心骨。"

聂力对科研人员细致入微的关心慰问，恰恰体现出对聂帅"厚道家风"的传承。也正是这份厚道为人，让聂力赢得了众多科研人员的信任与爱戴。

（张建军　撰稿）

叶剑英：
"你们必须完成你们这一代的责任"

"矢志共产宏图业，为花欣作落泥红。"叶剑英的这句诗正是他不懈奋斗的光辉一生的真实写照。叶剑英1917年就学于云南陆军讲武堂，毕业后便追随孙中山先生投入革命。1927年加入中国共产党，参加领导广州起义。在60多年的革命生涯中，叶剑英始终信念坚定，对社会主义、共产主义事业矢志不渝。

叶剑英不但自己是一个坚定的革命者，更将自己的孩子们视为革命事业的接班人，他总是叮嘱孩子们要自立自强，要自觉投身革命事业，为党和人民多做贡献。"你们必须完成你们这一代的责任"，这是叶剑英对孩子们最深切的叮嘱与希冀。

1928年，叶剑英的长女叶楚梅在香港出生。然而，叶剑英还来不及看刚出生的女儿一眼，就受党中央委派赴苏联学习。楚梅9岁时，因长征负伤到广东做手术的叶剑英才第一次见到女儿。此后，父女分隔多年，直到1945年，楚梅才终于被接到延安，和叶剑英团聚。然而，父女俩仅团聚了短短一个月，叶剑英就把17岁的女儿送到了冰天雪地的东北部队，让她接受革命磨炼。

楚梅从小在广东长大，初到东北，生活很不适应，每天在零下三四十度的气温下训练，非常辛苦。楚梅不理解父亲，也为此埋怨过父亲。而叶剑英则以过来人的身份劝解、鼓励女儿："你们是幸福的一代，我们年轻时看《共产党宣言》都是要掉脑袋的，你们在革命队伍里有追求光明、学习革命理论的自由，有广阔的天地任你们驰骋，要珍惜这个环境，努力锻炼自己。"

在叶剑英的支持和鼓励下，楚梅慢慢明白了父亲的苦心，燃起了斗志。由于在部队表现出色，组织决定送楚梅出国留学，叶剑英得知消息后特意写了一首长诗鼓励女儿：

亲爱的梅儿：
　　——爸爸有你而感觉骄傲。
鼓起你的劲儿，踏上你的长路。
这不是日暮途远呀！红日恰在东升。
阳光照着艰险的途程，比起黑夜里摸索，要便宜得万万千千。
急进吧！追上那先头出发的人们。
急进吧！再追上一程。
那里有广漠无边的地盘，等待着你们去开垦。
那里有大批优良的种子，等待着你们去拿回来散播，赶上春耕。
人民要翻身了，许多人已经翻了身。
敌人着慌了，不顾一切地起来作绝望的抗衡。
这是人类历史上最热闹的场面。
急进吧！再追上一程。
我们不是速胜论者。
欢迎你们能够赶上这一场翻天覆地的斗争。
我想你们没有一个是"坐享其成"的人。
你们是铁中铮铮。

　　　　　　　　　　　　　　爸爸
　　　　　　　　　　　1946年7月6日
　　　　　　　　　　　北平

诗中有父亲对女儿的叮咛，但更多的是一个革命先辈对后来者的希冀与鼓劲，是一个共产党人向另一个共产党人交托革命事业与未来时的殷殷嘱托。父亲的心意，女儿懂得了；革命先辈的嘱托，后人做到了。楚梅后来回忆这首诗时曾说过，这首诗"一直激励着我，给了我革命胜利的信心，并决心不坐享其成，要为实现伟大的共产主义理想而奋斗！老人家是我的父亲，也是我参加革命的启蒙人"。

1949年，楚梅赴苏联留学。叶剑英给远在莫斯科的女儿写信，再次鼓励女儿承担起新一代革命者的责任，为新中国而努力奋斗。他在信中说，要把我们的祖国，建设成"自由、快乐、文明、进步、庄严、华丽的世界"，"你们不能逃避这一责任，你们必须完成你们这一代的责任。因此，当着你们还在学习时，就应该全心全意地为建设我们完全新的中国而努力！"

"落红不是无情物，化作春泥更护花。"父辈们以身化泥，甘愿为了革命事业牺牲奉献，后来者又怎能不扛起自己肩上的责任？在苏联学习的楚梅虽不幸染上肺结核，但仍坚持一边治疗，一边顽强地坚持学习，用她自己的话来说，"学习也像战斗，我把它当做硬仗来打来拼"。

楚梅后来回忆起这段往事时曾说："父亲对我讲的，我一直铭记在心，我知道父亲那颗要我们世世代代报效祖国的赤诚之心在时时跳动、燃烧。"

对于中国共产党人来说，家不仅仅是一个小家庭，家庭价值的实现总是与国家民族的命运，与革命事业的明天紧密相连。中国共产党人正是以这样的自觉，一代代薪火相传，接续奋斗，使得革命精神代代永续。

（叶帆子　撰稿）

叶剑英：
"任何时候都要优先安排学习"

叶剑英被人们称为"儒将"，叱咤风云的将军和谈吐儒雅的学者这两种形象在叶剑英身上得以完美统一。而这正得益于叶剑英精深的文化素养和广博的学识，得益于他几十年如一日，勤学不倦的读书学习习惯。

叶剑英酷爱读书，不论在什么时候，工作再忙，他都坚持读书学习。他有一个"座右铭"：抓紧时间工作、挤出时间学习、偷点时间休息。

除了自己读书，叶剑英还鼓励家人、身边工作人员读书学习。他总是教育身边人：工作再忙也不要忘记学习。有好的学习精神，才能做好工作，任何时候都要优先安排学习。他的藏书室藏书上万册，随时对家人、工作人员敞开，谁需要什么书都可以自取。

孩子们小的时候，他就要孩子们读《古文观止》，有时还会讲上一两篇，以引起孩子们的兴趣。在他的影响下，选宁4岁的时候就开始描红、背古诗词。他还带着孩子们学英文，背单词，甚至利用孩子们嘴馋的时机出考题，常常饭前还要指着筷子或者食物问孩子们对应的英文单词怎么说。

到孩子们长大了，叶剑英依旧时刻督促他们学习。革命岁月，在和孩子们不能相见之时，在给孩子们写的书信中，他谈的最多的还是学习。

在1949年5月给在莫斯科留学的大女儿楚梅的信中，叶剑英为选择专业的女儿提出学习的建议，"不管学那一门科学，首先要把俄文学个精通，那么，虽然在学校里没有学得很完全，出校以后，仍可自己继续研究"。

1950年4月，叶剑英再次给楚梅写信。信中，叶剑英直接为女儿点明了学习的意义："努力把自己锻炼成为人民所需要的人，不是多一个少一个没有什么关系的人，不是可有可无的人。确有一点本领，拿出来为人民做点事，尽点小螺丝钉的作用。这就是学习的目的，也是做人的目的。"

同年9月，在给楚梅的信中，他则告诫女儿要抓紧学习，"许多人都说你学得不坏，爸爸是高兴的。但应该懂得还不够得很。继续努力，日进不已的学习，完成学习任务"。

小女儿文珊曾在福建当兵三年，叶剑英在给她的信中，仍是鼓励这个女儿如何抽出时间学习，为她的每一点进步感到惊喜："字儿写的仔细，不像以前鸽蛋大了，也照着格子写，一行行地像个读书人，谈谈工作，谈谈学习，也亮出思想，总的说近一、二年大有进步。"

对于身边工作人员，叶剑英也是一样，他总是鼓励身边的工作人员多学习，多读书。

他常说，在他这里工作的年轻人，为了党和人民把人生最好的时光贡献出来了，要给他们学习的机会，只要愿意都要想办法送他们到学校去学习。几十年里，叶剑英送身边的工作人员到护校、军医大、国防大学等学习的先后有20多人。

一次，他看见保健医生马望兰正在认真摘抄报纸，便鼓励她："你很爱学习，这很好，青年人头脑清醒，记忆力强，要抓紧一切时间学习。"说着，他坐在桌前，特意题写了曹丕的"少壮真当努力，年一过往，何可攀援"的诗句送给马望兰，鼓励她继续学习。马望兰至今还珍藏着这幅字，以此来勉励自己的学习。

在叶剑英的带动鼓励下，工作人员开始读哲学和古典诗词。有的同志学哲学学不懂，叶剑英就亲自给他们辅导，将哲学道理与身边事物相对照，化难为易，由浅入深地耐心讲解；有的同志读不懂古典诗词，叶剑英就一句一句给他们解释句意，讲解典故，直到理解为止。他还经常让工作人员背诵唐代诗词名篇，不少同志会背之后，尝到甜头，越学越爱学。

到晚年的时候，叶剑英不但坚持自己每天学习一小时英语，还组织了工作人员组成兴趣小组，炊事员、警卫员、勤务员、秘书等等都要一起学。经过一段时间的学习，不少人都能说一些简单的日常生活用语了。

就这样，在叶剑英的带动和影响下，叶家的孩子们和他身边的工作人员都养成了热爱读书、热爱学习的好习惯。

（叶帆子　撰稿）

李富春：
"家财不为子孙谋"

新中国成立后，李富春曾担任国务院副总理，是我国社会主义经济建设的奠基者和组织者之一。他的夫人蔡畅是中国妇女运动的卓越领袖和国际进步妇女运动的著名活动家。这对革命夫妇对晚辈和亲属要求严格，从不乱花国家一分钱，始终保持了人民公仆的本色。

女儿李特特是他们唯一的孩子，1923年生于法国巴黎。由于父母都在法国勤工俭学并准备赴苏联莫斯科学习，无暇照顾幼小的女儿，李特特就由外婆葛健豪抚养。

李富春夫妇从不娇惯女儿。在李特特的记忆中，母亲只给她买过一件新衣服。"在我7岁那年，我们家给聂荣臻和张瑞华的女儿聂力过周岁生日，当时，妈妈送给聂力一套新衣服，也顺便给我买了一件连衣裙。到现在，我还记得那件粉红色小白花的裙子，那是我最高兴的一天，因为在那之前，我从来没穿过一件新衣服。"

除了女儿，对从小带在身边长大的外孙李勇，李富春夫妇也严格要求，严禁利用干部子女的条件搞特殊。李富春常常教育外孙："现在人民生活还很苦，我们生活不能特殊，每天能吃上热饭热菜就不错了。"

李勇刚上幼儿园时，蔡畅为避免外孙有养尊处优之想，就将他长托在幼儿园，一星期才回来一次。据李勇回忆："上小学时，我还是每周回来一次，但外婆每周只给我往返一趟所需的车费5角钱。说起来有点寒碜，有时，我为了节省出买一只冰棒的5分钱，而不得不步行几站路。"有时小孩子回来故意念叨谁家用汽车接了，蔡畅则会耐心解释："汽车是爷爷奶奶工作用的，不能办私事，更不能接送孩子。"

从小学五年级开始，李富春夫妇就要求李勇自己洗衣服。李勇贪玩，于是和家里的服务员商量，李勇帮她打扫房间卫生，服务员帮他洗衣服。李富春知道后，严厉地批评了外孙，并耐心地教导说：年轻人应从小养成爱劳动的习惯，不能懒散。李勇听从爷爷奶奶教诲，许多事情上都表现得独立、公私分明。李勇后来回忆说："这种严格的要求和监督，对于我的思想和行为不无益处。"

1975年1月9日，李富春在北京去世。后事办完后，蔡畅见了来自全国各地前来悼念的亲属。她抑制住自己内心的悲痛，嘱咐亲属们要学习李富春的革命精神，化悲痛为力量，继承他的遗志，努力做好工作。

"国计已推肝胆许，家财不为子孙谋。"遵照李富春的遗愿，蔡畅把两人长期节省下来的积蓄10多万元交给党组织。1977年4月8日，蔡畅又把自己积存的3万多元作为特别党费上交。身边的工作人员问她："是否给外孙留下一点？"她坚定地说："钱是党和人民给我的，用不了就应该退给党和人民。孩子们长大了，应该自食其力，我们共产党人留给子孙后代的，应该是革命的好思想，艰苦奋斗的好传统。"

外孙李勇回忆说："从我记事时起，我就感受到，外公和他们那一代的许多共产党人一样，生活的目的不在为自己，而在为人民；不是图享受，而是求奋斗，绝不伸手索取丝毫的个人特权，却毫无保留地奉献个人的一切，这就是外公的价值观。"

李富春、蔡畅夫妇出身于贫苦的家庭，对个人自立有深刻的体验。在培养子女后代的问题上，很强调个人人格的独立性，给孩子留下太多的钱财，将不利于子女独立人格的养成。他们不给子孙留钱财，把一切献给党，表现了老一辈革命家的高风亮节。

（孔昕　撰稿）

李富春和蔡畅：
革命后代的家

"记取铁肩担道义，双飞李蔡两名家。"李富春和蔡畅是在一系列革命活动中相互了解和相爱的。在半个多世纪的相伴生活里，他们在各自的事业中取得了非凡的成就。作为"革命夫妻"，他们不仅为中国革命事业奋斗终生，而且关心革命后代，言传身教，培养后代的革命精神和革命品德。

李富春对革命烈士子女十分关心、爱护，对有的烈士子女，他还担负起抚养任务。包括项苏云、李群等革命烈士子弟，都在李富春家里居住、生活过。在这些烈士遗孤住在他们家的日子里，李富春不但关心他们的生活，更注意他们革命精神和革命品德的培养，常常鼓励他们要不愧为革命的后代，勉励他们要继承父辈们的遗志，成为国家建设的有用人才。孩子们在李富春和蔡畅身边生活感到温暖、亲切，如同在自己家里一样。他们后来有的出去学习，有的出去工作，每逢节假日，总要回到家里来看望李伯伯和蔡妈妈。许多老同志常说："富春同志的家真正成了革命后代的家。"

蔡畅是我国儿童保育工作的开拓者。土地革命战争时期，中央苏区的妇女既要参加生产劳动，又要工作开会，还要养育后代。

她们不得已，只能将孩子锁在屋里，由于没人照管孩子，经常发生意外。蔡畅知道了这一情况，马上召集会议，研究措施，很快成立了互助性质的托儿小组。后来，在江西苏区还颁布过一个《托儿所组织条例》，很多地方办起了托儿组织。这样一来，既解决了妇女的后顾之忧，又保证了孩子们的健康成长。

延安时期，环境相对改善，蔡畅十分注意发展保育事业，关心烈士遗孤，重视培养革命接班人。在她的关怀下，延安办起了第一所保育院，使许多烈士遗孤和前方干部的子弟都能得到良好的教育和照顾。

康克清在纪念蔡畅的文章中回忆说："张太雷、郭亮、蔡和森和项英等同志牺牲后，您非常关心他们子女的生活、教育和成长。当您在莫斯科养病时，经常到国际儿童保育院去看望托养在那里的中国儿童，孩子们都亲切地称您为蔡妈妈。回到延安后，您仍经常给他们写信，告诉他们国内形势的蓬勃发展，叮嘱他们为了继承革命先辈的遗志，一定要努力学习，艰苦朴素，将来好为党为国作贡献。全国解放后，不少孩子学成归来，都是风度翩翩的青年了。您对他们依然关怀备至，问寒问暖，有鼓励，也有批评。有的孩子忘了中文，只会说俄语。您立刻提出要求，要他们把自己民族的语言学好，一定要提高中文水平。现在这些当年的孩子们都已人过中年，早就成家立业了，他们战斗在祖国的各条战线上。当他们想起蔡妈妈的关怀与希望，一定会更加发愤图强的。"

新中国成立后，李富春和蔡畅都身居高位，但他们仍保持着革命者和人民公仆的本色，继续为建设新中国而不懈地奋斗。他们用自己的言传身教，激励革命后代要保持战争年代那种艰苦奋斗的精神。他们生活依旧十分俭朴，同当时的许多普通人一样，穿打补丁的裤子、袜子。夫妇二人多年以来布衣素食，习以为常。李富春经常对孩子们和身边工作人员说："现在人民还很苦，我们生活不能特殊，每天能吃上热饭热菜就不错了。"李富春和蔡畅这对模范夫妻,就是这样经常以过去的艰苦生活激励自己,教育后代。

（孔昕　撰稿）

彭真：
子女教育上的"苦心安排"

彭真教育孩子的方法很特殊，不说教，不打骂，和风细雨，润物无声。他经常给子女们写些条幅，或教导，或勉励，并分赠给几个孩子，像"实事求是"、"坚持真理，随时修正错误"、"天将降大任于斯人也，必先苦其心志……"等都是他爱写的。

彭真注重从小就培养子女承受困难、尊重劳动的能力。彭真唯一的女儿傅彦本来在干部子弟学校中直育英小学上学，为了让女儿更多地接触广大劳动人民的子女，彭真将其转入一个普通群众孩子较多的小学。

傅彦高中毕业时，虽然有数学、物理较好的优势，彭真考虑到"北大是个小社会，复杂，能锻炼人"，"国家转入经济建设，需要我们自己的懂经济的干部"，建议女儿报考北大经济系。1962年困难时期，学校伙食比不上家里，但彭真还是打发女儿去学校吃饭，说"应该和大家在一起"。大学期间，彭真又送女儿去北京顺义参加"四清"，直到"文化大革命"开始。

"文化大革命"中，彭真夫妇身陷囹圄，几个孩子也离散东西。大儿子傅锐从部队被贬入农场种稻，又被强制复员当了钳工；女儿傅彦在被批斗后又去农村生活了11年；儿子傅洋先当农民再当民办教师又当学徒；小儿子傅亮则被监禁4年，后又到工厂当学徒。然而，正是从小培养造就的承受困难、尊重劳动的思想意识，使得他们在"文革"劫难中，得以承受了艰苦生活的考验。

傅彦后来回忆说："正是'文革'前爸爸的苦心'安排'，培养了我能吃苦和对困难、逆境的承受能力，也培养了我安心作一个普通人、淡泊名利的性格。"

彭真豁达大度的胸襟，乐观进取的精神和坚持真理的执着，深深地感染和教育着子女。"文革"期间，彭真在逆境中依然保持着对真理的追求和服从，始终关心党和国家的前途命运。他在狱中阅读马列经典著作，利用一切条件锻炼身体，保存体力。他对家人说，一是不能自杀，二是要相信毛主席，相信人民。"没有毛主席，不可能在1949年就推倒'三座大山'取得中国革命的胜利。个人的事与党、国家、人民的利益相比，那算不了什么"。

1975年5月彭真出狱后，得以和家人团聚。5月24日，73岁的彭真为女儿作诗一首，诗中写道："千金含笑，母酣眠，心情愉快谢老顽；但愿阖家通马列，世世代代用不完。望儿工余更抖擞，开卷有益自古然；少壮及早惜寸阴，不学无术老更难。"

彭真在家教中也不是没有动怒的时候。坐过敌人监狱的彭真，对儿子傅洋唯一一次发怒，是因为傅洋在回答："你要是被敌人严刑拷打，会不会当叛徒？"时，说了个："不知道。"彭真一下拍案而起，大怒道："你这个人，怎么连这点决心和意志都没有？"

傅洋后来回忆说："我想父亲是希望我明白一个道理：意志磨炼并非一定要直面考验。未雨绸缪，不断思考如何面对人生考验，当考验来临时才能随时以坚韧不拔的意志从容应对。"

彭真的一生全部属于革命事业，属于人民，他留给子孙后代的精神财富是巨大的。直至在病重的时候，彭真心里装着的仍是党的事业和人民，他对子女讲："我一生无憾，我们要愉快地告别，你们要继续奋斗。"这种优秀的品质既是他们家庭的精神财富，也是全社会的精神财富！

（孔昕 撰稿）

彭真：
要和普通百姓一样

彭真身居要职，但他严于律己，公私分明，不搞特殊，不搞裙带，从不为自己和亲属谋取私利。对待子女亲属，更是率先垂范，严格要求。

彭真出身贫苦，他的祖父是从山东逃荒来到山西的。新中国成立后，彭真多次接母亲到北京居住，可母亲更习惯住窑洞，也舍不得老家的乡里乡亲，每次都住不了多长时间就回去。彭真的母亲常年居住在逃荒时住的一个破土窑洞内，过着清贫俭朴的生活。村里要给整修房屋，他和母亲都拒绝了。直到去世，彭真的母亲仍始终坚持劳作。

彭真对自己的两个弟弟也要求非常严格，丁是丁，卯是卯，绝不允许有任何特权思想。他的两个弟弟，都是在村里种地的普通农民。他两次回村，都对当地领导和村干部说，一定要按照村规要求他们，不要有任何特殊照顾。

侄女傅汝林回忆说："记得我小时候，有一次我父亲傅茂惠晚上从外面回来，哭得很厉害，连我们孩子们也很伤心，可我们却不知道是为了什么。后来，才听祖母告诉我，说伯父来信狠狠批评了父亲一顿。伯父对于自己的亲属，历来要求十分严格，他决不允许自己的亲属搞任何特殊化的事情,这在我们后辈人身上时有教诲。"

女儿傅彦回忆说:"我有个姑姑的女儿,'文化大革命'以后,不注意影响,比较张狂,后来反映过来了,叫老爹狠狠批评了一顿说:不要再进我的家门了!"

彭真共有四个子女,长子傅锐、女儿傅彦、三子傅洋以及幼子傅亮。很多人奇怪,彭真的子女为何不姓"彭"呢?女儿傅彦在接受采访时道出了原委:"我们姓傅,是沿用了父亲之前的姓氏,意指我们都是普通的孩子,不要被父亲的成就而有所影响。"

作为耳濡目染父亲长期领导法制工作而成长起来的年轻人,儿子傅洋子承父业,在改革开放后选择到全国人大法工委工作,参与中国法制建设。彭真主持1982年宪法修订工作期间,为考虑立法问题常常彻夜难眠。傅洋对于宪法修改有些意见想向他反映,但看他这么辛劳,不忍心再和他面谈,就写了封信给父亲。彭真看到信后,把信批转给同事王汉斌等人,并在批示中指出"这是傅洋的一点意见……他也是个公民、群众",特意说明这些意见纯属傅洋的个人意见,并非他的授意。

傅洋回忆说:"父母提醒,在学校不能特殊,同学们吃什么穿什么你们也一样,参加劳动一定不能怕苦怕累。""高一时去中阿友好公社劳动,我那小组住在一个老乡家的空房子里,地上铺点稻草铺条褥子睡。又凉又潮不说,几天下来大家不知被什么咬得一身小米粒大的包,个个挠得流黄汤。后来搞清是鸡虱子咬的。回家后父母见到,有些心疼,但更多的是骄傲,逢亲友就要我捋袖子挽裤腿展示满身疮痍,夸我不怕咬。"

彭真身体力行,谆谆教导,子女对彭真由"对父亲的崇拜升华到一个晚辈对一个老共产党员的崇拜"。女儿傅彦在接受采访时反复强调说:"无论父亲怎么样,我们家始终就是一个普通百姓之家。"

(孔昕 撰稿)

李先念：
"我是国务院副总理，不是红安的副总理"

李先念于1909年6月生于大别山区的湖北黄安（今红安）县。红安既是他的故乡，又是他革命生涯的起点。

他曾深情地说过："红安为革命作出的贡献大！一个40多万人口的县就牺牲了十三四万人，真是血流成河。那时，群众支援革命，什么都拿出来了，把我们当成他们的儿子，他们为革命作出的牺牲太大了，如果我们不关心他们的疾苦，不让他们过上好日子，那就对不起他们，就是忘本！"

因此，李先念一直十分关心红安的发展，惦记着家乡群众的生产生活。无论是回乡视察，还是接见家乡的干部群众，李先念每次都要问上几句：群众的粮食够不够吃？每人能吃多少油？能不能吃上肉？

即使是在病重弥留之际，李先念仍在病榻上询问红安的工农业生产、基础设施、旅游、绿化等情况。他再三叮嘱：红安人民为中国革命做出了巨大的牺牲和贡献！你们时刻要记住他们，把建设搞好，要让所有的乡亲们都能够富起来啊！

李先念一生曾五次回红安视察，每次都严格遵守纪律，坚持不搞特殊化。

1960年秋，时任国务院副总理兼财政部长的李先念率中央有关部门负责同志到红安县视察。那时正值三年自然灾害，李先念为防止县里在伙食上给他搞特殊，亲自向县委的负责人立下"三不准"的规矩：不准炒荤菜，不准煮米饭，不准搞酒喝。从来到走共吃四餐饭，李先念同随行人员一样，吃的是荞麦粑和青菜炒豆渣。

1984年10月初，红安县委的同志曾赴京看望李先念，顺道带去了红安的特产两斤天台山茶叶和10斤红安红苕。李先念知道这是家乡人民的一点心意，当场并未拒绝。但在10月26日提笔写下一封信寄给了红安县委，信中是这样写的：

红安县委

同志们：

久不通信，甚为悬念！

今日去信，不为别事，只为今后县里来人不要给我带任何东西。买东西是要付钱的，这在党内早有规定，如果不付钱，那是占有别人劳动，这就很不合适了。请以后严格注意一下。祝好。

敬礼！

李先念

一九八四年十月二十六日

李先念自己坚持不搞特殊化，对家乡亲人也是一样。李先念重乡情，重亲情，但从不为家乡和亲属开小灶。他宁可在经济上长期接济老家的亲友，也绝不利用职权，为他们安排工作和谋取利益。

李先念的哥哥在汉阳砖瓦厂当工人，身体一直不好，家里孩子也多，生活负担较重。但李先念嘱咐哥哥不要随意向公家开口要补助，而是由自己从工资里拿钱出来贴补哥哥一家。李先念的哥哥去世后，家境更为困难，李先念就让妻子林佳楣每月继续给哥哥家寄钱贴补家用。

1970年，李先念的侄子受大队的委托，来到北京看望他，想请他给大队分配一辆拖拉机。李先念却说：拖拉机有，但我不能给！我是国务院副总理，不是红安的副总理！他还要侄子回去转告大队和公社，以后不允许任何人来北京找他要东西，否则一律不见。

1979年5月，李先念回湖北红安视察，他的侄子、侄女、外甥等亲戚都从各地赶来看望他，他很是高兴。亲戚们要求和他合影，他乐呵呵地答应了。但是拍完照，他却当着随行人员和当地负责同志的面，开玩笑似地说："可别拿我的照片去招摇撞骗哦！"这话语气是轻松的，但分量却是重的。亲属里本来有个别人想找他解决个人问题，但一看他的口气还是过去那么紧，只好打消了念头。

在李先念的严格要求下，他的姐姐、侄子等没有一人以他的名义得到照顾和安排，家乡的亲人们都安守着本分，现在还有很多人仍在农村，和当地群众一样过着普通的日子。

（叶帆子　撰稿）

李先念："粗茶淡饭足矣"

李先念自称"农民的儿子"，一生始终严格要求自己和家人，始终保持勤俭朴素的生活作风。

在湖北工作期间，李先念的早饭，常是一碗粥、一个馒头、一碟腐乳、一碟咂菜；中晚餐也不过是一荤一素一个汤，顶多再加个小碟子。留客人吃饭，也不加菜，只是分量多一点。

一次，一位客人当面说他生活苦了点，还比不上省委机关的伙食，要他注意保养身体。他毫不客气地说，苦什么，比起过去的生活，已经是天堂了。现在贫农、下中农生活都还很苦，大山区还是吃红薯，过着糠菜半年粮的生活，国民经济根本好转还得一段时间，个人生活太奢侈了，会丧失贫下中农感情的。

1954年，李先念奉命从湖北调往中央，担任国务院副总理兼财政部长。临行前，他向工作人员提出了一个特殊要求，他要把自己在湖北用的家具带到北京继续使用，免得公家再花钱买新的。在李先念的坚持下，工作人员遵照他的意见，把办公用的桌椅、沙发等都搬上了李先念乘坐的火车，跟着一起去了北京。

到了北京后不久，适逢全国六大行政区撤销建制，陆续会有很多负责同志调来中央工作。当时的政务院领导听说了李先念自带着家具赴任一事，十分赞赏，认为李先念的这种做法是一项节约行政经费的好办法，也有利于发扬我党艰苦奋斗的优良作风。于是，以政务院办公厅的名义向全国发了通知，推行这一办法，为国家节约了一笔开支。

而这套沙发也陪了李先念多年。到了1988年，当以前的工作人员去办公室探望他时，发现这套旧沙发虽然已经旧得褪了颜色，边上的线也都开绽了，但还在继续使用着。

李先念特别注意教育家人要保持勤俭朴素的生活作风，担任了国家主席后，餐桌上吃的最多的是白菜豆腐，三菜一汤，即使后来有了第三代，一大家子人吃饭也不过是四菜一汤。

饭桌上，是李先念讲课、教育子女孙辈的好机会。他常把孩子们掉在桌上的饭粒捡起来放在自己嘴里，还常在饭前或饭后给家人讲"谁知盘中餐，粒粒皆辛苦"，讲"粗茶淡饭足矣"，讲现在比过去好多了，不能忘本，先烈们用鲜血换来的今天来之不易，必须好好珍惜。孙辈们年纪还小，不太能听懂他说的话，但他却讲得很认真。

李先念对自己严格要求，对子女们也是一样。他希望自己的孩子们能够在艰苦的环境里得到锻炼，而不是娇生惯养。

李先念的大女儿李劲一直在外地工作。不论是在什么地方，她都"隐姓埋名"。虽然也曾吃过不少苦，但她从未向任何人谈及自己的家庭背景，从不利用父亲的影响而是独立地生活。李先念心里非常挂念这个女儿，李劲每到一个新的工作单位，他都要让秘书悄悄地去调查。每次秘书回来都告诉他，李劲很低调，没有人知道她是李先念的女儿。听到此，李先念总是沉默良久，说："这个女儿有志气啊！"

李先念主管国家经济工作26年，但他不允许自己的儿女经商。

改革开放后，有些干部子女利用父母的职权和影响，经商创业，在社会上造成了不好的影响。李先念的儿女们也曾向他提过这样的想法，他却一再说，现在的生活已经很好了，要珍惜。为了这件事，李先念还特意在饭桌上对孩子们严厉嘱咐："你们谁要经商，打断你们的腿。"

作为父亲，李先念只是要求孩子们做普通人的工作，不能当官，不能赚钱，更不需要出名，把工作做好就行了。时至今日，李家的四个子女没有一个人从商。

（叶帆子　撰稿）

谭震林：
用党史育人传家

谭震林晚年时，深感以党的历史教育党员干部，教育子孙后代是自己义不容辞的责任。他认为，用党的光辉历史教育后人、弘扬党的优良传统，是家风家教的重要内容。

十年内乱结束后，正是百废待兴的时期。谭震林热心支持、帮助做好中共党史资料的征集、整理、编纂工作。1981年春，中共中央党史资料征集委员会请他介绍和回顾党的历史。面对前来的工作人员，他以惊人的记忆力，联系自己的亲身经历，从马克思主义传播讲起，一直讲到建国以后各个历史时期的经验教训。每次，他一谈就是大半天儿，先后谈了七次，提供了10多万字的录音资料。

谭震林在工作中，发挥好"伟大事变的参加者、历史发展的见证人"的作用，为研究和编写党史提供第一手的资料。同时，他还把党史育人，用于家人。

长期以来，谭震林家有一个传统，那就是每逢周末，都要由孩子的妈妈主持开个"家庭会"。每逢这种场合，只要谭震林能从繁忙的公务中脱出身来，他总是到"会"。这时，他往往会谈革命历史，从他自己的身世和早年的经历谈起，谈"家境贫困，从小就离家到书纸店去当学徒",谈"怎样走上革命道路,怎样跟着毛主席干革命"。

在给孩子们讲党史的过程中,谭震林没有多讲个人的功绩,却讲了很多革命战友的光辉事迹。有时和孩子们一起看革命战争题材的电影,会给他们讲里面的生动情节。

在谭震林的影响下,子女们在耳濡目染中深受红色教育,喜欢党史故事,支持党史研究。儿子谭晓光小时候很喜欢看《星火燎原》《红旗飘飘》等革命回忆录,但从来没看见有关父亲的故事。后来,他在一本《新四军故事集》里看到有一篇故事,叫《谭震林同志来"路东"》,是讲父亲在苏南打日本鬼子的故事,这才使他把父亲和那些英雄的事迹联系起来。党史故事给他带来无穷的乐趣。

女儿谭泾远曾担任北京新四军暨华中抗日根据地研究会副会长,致力于新四军战史和华中抗日研究。她为《铁流》《江南雄狮》《我的父辈》《红星照耀的家庭:共和国开创者家事追忆》等撰文,深情讲述那些为新中国成立做出贡献的老一辈革命家的生动事迹,通过说家事、谈家风,大力弘扬党的优良传统。

总之,在谭震林的言传身教下,其子女在做好本职工作的同时,投入很大精力来进行党史相关领域的研究。他们撰写回忆文章、做客媒体访谈、参加纪念活动,在回顾党的光辉历史中,讴歌老一辈革命家的丰功伟绩。

(张建军　撰稿)

谭震林：
勤奋好学，言传身教

谭震林原有的文化水平并不高，但一直勤奋好学，无论是参加革命前当学徒工人，还是投身革命后担负领导工作，他始终以惊人的毅力学习文化知识，学习党的理论，不断提升自己，也深深影响着家人。

谭震林小的时候，因为家境贫寒，迫于生计到一家书纸店当学徒。在这里，他白天在店里干活，晚上则把一些书带回住处，等大家入睡后，拿了棉被或草席堵住窗子，借着油灯夜读，第二天一清早再悄悄地放回原处。他在店里一干就是10年，读了很多书，也养成了爱学习的习惯。

投身革命事业后，谭震林更加热爱学习，工作再忙也总是挤时间读书。建国后，他在担负繁重的党和国家领导工作中，仍以惊人的毅力，努力学文化，学理论，学习专业知识。上世纪60年代党中央号召领导人要学点外语。当时谭震林已经60多岁，但他顽强地从A、B、C念起，用浓重的乡音读单词、念句子。

他的这种学习精神，深深地影响着家人。尤其他热爱读书的习惯，子女们自小就感知甚深。大女儿谭泾远说："爸爸对生活不讲究，甚至给人一种不拘小节的感觉。但他也有讲究之处，那就是对书格外爱护，从来都亲自整理书架，亲自装订文件和笔记。在他的办公桌上，总是井然有序。这成了他几十年如一日坚持着的一个好习惯。"

谭震林不但自己爱学习，还经常鼓励子女好好学习。对此，谭泾远说：记得在我们工作和学习遇到困难，不知所措的时候，他往往会给我们讲这样的一个故事：当年毛主席让他当茶陵县长，他去问毛主席怎么干，毛主席讲：你看着干。父亲就是这样去当县长的。他也借此鼓励孩子们，要"边干边学，只要是对革命有利的事，就是要硬着头皮去干"。

桃李不言，下自成蹊。在谭震林的言传身教下，孩子们也养成了好读书、爱学习的习惯。他的六个子女长大后，都从事了科研工作。

女儿谭泾远学习成绩优异，考取中国科技大学，毕业后长期在科技战线工作。儿子谭晓光也酷爱学习。十年内乱期间，谭晓光不忘学习，自己买了很多气象方面的书看，高考恢复后考上大学。他在北京大学气象专业学习毕业后，一直从事气象科研工作。后来担任北京城市气象研究所研究员、技术首席几十年，他始终孜孜以求，勤于学习研究。

正如谭泾远等子女们所说：父亲的教诲和他那求知若渴、勤奋好学、不断进取的学习精神，让我们时时想到要努力学习，提高自己，为国家尽心尽力。

（张建军　撰稿）

乌兰夫：
教育子女爱祖国爱人民

乌兰夫名字蒙文原意是"红色之子"。他生于忧患，长于忧患，感情始终同祖国和人民息息相通，这种始终爱祖国、爱人民的优秀品质也成了乌兰夫的家风。女儿云曙碧回忆说："回想起来，父亲对我言传身教最多的是爱，教我爱祖国，爱人民，要做到先天下之忧而忧，后天下之乐而乐！"

1929年9月，乌兰夫结束了在苏联四年的留学生活，受党组织的委派回国开展内蒙古西部地区的地下革命斗争。在白色恐怖下，乌兰夫没有忘记培养子女的爱国情怀，他把这当成了革命事业的一部分。他说服家人为孩子们请了家教老师，让本家的几个孩子读书识字，了解中华民族的悠久历史，开展启蒙教育。乌兰夫对刚满七岁的女儿云曙碧说："孩子，你要好好学习，将来可以为国家和人民做好多好多的事情。苏联的女孩子和男孩子一样上学读书，她们有了知识，有了文化，有的做了医生，有的当了工程师，有的还当了飞行员，驾驶着飞机在蓝天上飞翔。"年幼的云曙碧很受鼓舞，对父亲说："等我长大了也要像他们那样。"乌兰夫很高兴，鼓励女儿："只要你好好学习，肯定能和他们一样！"

在乌兰夫的鼓励下，云曙碧自小就参加了革命活动，在经受锻炼中逐渐成熟。乌兰夫经常在家召集同志们开会，每次开会就叫云曙碧爬到房上站岗放哨。有一次，乌兰夫等人正在开会，云曙碧在房上远远望去，看到有几个骑马的人影。她迅速把这个情况告诉了乌兰夫，乌兰夫等人快速隐蔽起来。很快，几个骑马的人飞驰而来，大叫"云泽（乌兰夫当时的名字）住在哪个家"，乌兰夫的夫人应声跑出门告诉他们"云泽不在家"。趁他们在周围搜查时，乌兰夫等人绕到邻家转移了。事后，乌兰夫对女儿说："孩子你知道吗？你办的是件大事呀，看来我们的小姑娘长大了，将来一定会有出息的！会给祖国和人民争光！"

1949年，云曙碧受组织委派到北京接收蒙藏学校。乌兰夫特意找到女儿，谆谆教导说："北京不比延安，北京刚解放，情况非常复杂，一定要提高警惕。要保持艰苦朴素、戒骄戒躁的作风，不吃请，不收礼。工作上要认真、严谨，提高善辨是非的能力。"他语重心长地嘱咐云曙碧，我们的一言一行，都是关乎国家和人民的利益。

后来，云曙碧调动到地方工作，乌兰夫多次向女儿强调要经常下乡、下农村、下工厂，多了解群众的生活和生产情况，帮助他们解决一些实际困难。乌兰夫叮嘱说："下去时不要只听汇报，只看好的典型，要直接深入群众，听取意见。对那些搞浮夸、说假话、欺上瞒下的不实事求是的人和事，要严肃批评，甚至给予处分。"

乌兰夫爱祖国、爱人民的言传身教，深深植根于子女的心中，给子孙后代留下了宝贵的生命记忆与精神财富。乌兰夫长子、全国人大常委会原副委员长布赫回忆说："我之所以成长为能为党、为祖国和人民做些事情的人，除了党的培养外，无不与父亲这种可贵精神的耳濡目染直接相关。"

（孔昕　撰稿）

乌兰夫：
"没有奉献就没有爱"

乌兰夫一生，无论身处逆境还是身居高位，都始终以党和人民的利益为重，对家庭和家人考虑很少，这种舍小家、顾大家、讲奉献、以天下为己任的家风，极大地影响了子女的成长。

1941年，党中央决定从延安抽调一批人到内蒙古大青山革命根据地开展抗日斗争，正在延安学习的乌兰夫长女云曙碧榜上有名。当时敌后抗战正处于最艰苦的时期。大青山革命根据地斗争形势很严峻，环境恶劣，条件非常艰苦。乌兰夫丝毫不计儿女私情，毫不犹豫地支持女儿前往革命斗争最需要的地方经受考验。他抚摸着女儿的双肩说："孩子，你长大了！到大青山是直接和敌人进行斗争的，你的脑子要灵活机智，意志要坚强勇敢，一定要有吃苦的准备。特别对党要忠诚，不管遇到什么情况，一定要经得起各种考验！"

身教重于言传。乌兰夫在生活上严于律己，十分简朴，他经常教导子女要多为国家和民族做贡献："要讲奉献，没有奉献就没有爱，奉献就是爱呀！"长女云曙碧回忆说："父亲在病中，我给他换衣服，他的内衣不知穿了多长时间，洗过多少次了，裤角和袖口都破成了毛边，纤维化成了硬片子。我想这就是父亲的爱和奉献的结合吧！"

乌兰夫对孩子是这样，对妻子同样严格要求。乌兰夫和妻子云丽文是在抗日战争中相识、相爱并结合的。他们的婚姻与爱情，是建立在为中华民族解放事业而奋斗这一共同目标之上的。妻子云丽文深深地理解自己的丈夫，她对孩子说："你的父亲虽然宽厚，但他在原则问题上，对我，对所有的亲属，包括对他自己都是一样的：永远不会让步。"

云丽文患重病之后，北京医院的医生曾再三劝乌兰夫去广东休养，这样云丽文可以同行。乌兰夫却拒绝说：去广东没有工作，兴师动众的，国家又花钱，不好意思。云丽文此时已经重病失语，坐在旁边，连连点头。

世间珍重惟理解。在子女的记忆里，父亲更多地把精力投入到为党和人民事业的奋斗中，似乎不是一个感情细腻的人，但乌兰夫默默无言的教育得到了家人的高度理解和认同。

乌兰夫的言传身教，深深植根于子女的心中，指引着他们的工作和生活。在父亲的影响下，长女云曙碧把多年的积蓄都资助了生活困难的大学生。1995年，中国红十字会号召全国红十字工作者学习"云曙碧精神"。

女儿云杉曾深有感触地说："父亲不是那种舍弃一切去保护自己和家人利益的人。从这种意义上讲，他可能不是一个称职的父亲。但是我想，世界上幸亏还有这样的父亲。"

（孔昕　撰稿）

张闻天：
"革命者的后代应该像人民一样地生活"

张闻天的儿子张虹生出生于 1939 年的新疆。据张虹生回忆，当年他的妈妈刘英在他出生后不久即按原计划赴苏联，将他托付给中共中央驻新疆代表陈潭秋照顾。1942 年新疆军阀盛世才叛变革命，陈潭秋等人入狱，张虹生也开始坐牢，直到 1946 年被营救出狱。1946 年底，张虹生被送到延安，最大的愿望就是见到自己的父母，可是事与愿违，张闻天夫妇此时已转到东北做地方工作，张虹生被组织安排进洛杉矶托儿所，后进延安保小读书。直到 1949 年底，10 岁的张虹生才回到父亲张闻天身边生活。

尽管张虹生自出生就没见父亲，年幼又饱受牢狱之苦，但张闻天对他从不骄纵，连他想坐一坐父亲每天上下班的小汽车这样的"小小"要求，都不被允许。有一次，张虹生趁父亲上班前不注意，偷偷爬上车，赖着不下来，心想：这下，你得带着我了吧。张闻天见儿子不肯下来，并不生气，也不责骂，干脆走着去上班了。

这样一件微不足道的小事，却如同黑夜中迸射的火花，映射出张闻天至真至纯的内心世界。张闻天始终坚持："干部是为人民服务的。"他常常教育亲属：一个党的干部绝不能搞特殊化，干部的亲属只有多为人民服务的义务,而没有比普通老百姓更多的权利!

张闻天的长女张维英从小在上海老家务农,后来嫁给了上海工具厂的工人。50多岁时为维持生计,她隐瞒年龄在上海羽兽毛厂做临时工。当她向父亲诉说生活艰难时,张闻天说:"革命者的后代应该像人民一样地生活。"后来看到女儿实在生活困难,张闻天就留她在无锡自己家里暂住,帮做家务。

张闻天的二女儿张引娣原来在外交部当打字员,1956年政府精简人员,时任外交部副部长的张闻天,率先把她精简下去,让她回上海自谋生路。张引娣回到上海后,靠着自己的能力在自行车厂找到了工作,还是做打字员。后以工人的身份退休。

张虹生1959年考大学,想考外交学院,但外语相对差一点。外交学院是在张闻天任上所建,当时也归他管,张虹生就想让父亲帮忙打个招呼,把外语成绩放宽些。而张闻天毫不客气地撂下一句话:"你有本事上就上,没本事就别上。"于是,张虹生放弃了上外交学院的念头,自己考上了北京师范学院。

1962年张虹生响应党的号召去新疆军垦农场务农,不久患上肝炎,由于医疗条件不好,发展成慢性肝炎。他写信给父亲,希望能到北京治病。张闻天很快回信,一开头就说,你有什么资格来北京看病,新疆那么多职工得了肝炎,都是在新疆治,肝炎完全可以在当地治,治得好最好,治不好就慢慢来。

直到张闻天逝世前,他才破例为儿子开了一次"后门"。当时有政策,老领导身边可以有一个孩子负责照顾他们。张闻天提出,希望把独子张虹生调回江苏,只要是江苏,什么地方都可以。报告直到张闻天去世后才批下来,最后张虹生调到南京晓庄农场,仍旧务农。

1979年张虹生被指定到北京参加《张闻天选集》的编写工作。中组部的调函已经开好了,刘英却直接把调函要走,退回给中组部。

当时已是中纪委委员的刘英反问：干部子弟为什么都要回北京？张虹生尊重母亲的意见，后调入南京大学图书馆工作，一直居住在南京，以南京大学图书馆的普通工作人员身份退休。

张闻天的养女张小倩，1975年高中毕业。无锡市委根据党的政策，也照顾到张闻天夫妇年老体衰，决定让小倩留在他们身边。但是张闻天却抱病给组织上写信，坚决要求将小倩下放农村劳动锻炼。

让后代回归人民大众，像普通人一样生活，是张闻天对血脉至亲的期望，也是他对身边亲友的要求。

张闻天出任驻苏大使时，侄子张昌麟曾写信向他要一个照相机。张闻天马上回信批评："不要玩这种东西。你的经济条件不允许，还是不去想它的好。现在我们国家经济正在恢复期间，工人、农民生活水平较低，干部的生活也不要脱离工农群众。"

张闻天的侄孙女中学毕业后，被分配到清洁管理站，侄子张昌麟写信请他想办法帮助换工作。张闻天回信说："我没法可想，就是有办法也不会去想的。分配去当清洁工，这是分工的不同，不要认为中学毕业生就不能去当清洁工……人家的子女能去做，我们的子女为什么不能去做呢？不论是什么工作，只要是为人民服务，就都是光荣的。"

张闻天一生，始终坚持按党的原则办事，从不利用自己的职权谋私。他的后人也秉承其教诲，始终未享受过任何特殊待遇，过着普通、平凡的生活。

（刘慧娟　撰稿）

张闻天：
"你们应该成为新中国的好青年"

邓小平曾赞颂张闻天的一生是"革命的一生，是忠于党、忠于人民的一生。"对于马克思主义信仰，张闻天从来没有动摇过。他言传身教，教育和引导亲人、后代，走积极向上的人生道路，努力成为新中国的有革命理想的好青年。

张闻天早年为追求革命而离家。1923年，张闻天在给弟弟张健尔的信中说："你不要那样的颓伤，你不要把你的头俯向地上，你应该把你的头仰起来看到世界的美与神秘。""人生不是什么不容易过的东西，只要有一点很小的，很小的我以为有意义的东西，伊就可以过去了。""希望你用功读一点书！"这一年，张闻天从美国回到上海，在中华书局任编辑。据茅盾回忆，"也就在这时候，闻天同志把他的兄弟张健尔从家乡带到上海，引导他做工人运动，后来也加入了党"。张健尔入党后去了苏联，先后进入莫斯科中山大学、苏联军事学院学习。在张健尔眼里，哥哥永远是自己的引路人。

1950年，张闻天第一次见到外甥马文奇、马文彬时，就笑着问他们知不知道什么叫"翻身"？兄弟俩都是十几岁的小青年，对革命理论懂得不多，没能马上回答。看着兄弟俩的表情，张闻天讲开了。当讲到工人农民翻身当家作了主人的时候,张闻天深情地说:"你们应该成为新中国的好青年。"马文奇后来回忆说:他对我们的这种殷切希望,成为给我们的第一次"见面礼"。

同样在1950年,张健尔的儿子张昌麟第一次见到了伯父张闻天。张闻天特别对他说,他的父亲张健尔早已为革命牺牲了,教导他要继承父亲的遗志,学习父亲的优秀品质,更好地工作和学习。张昌麟从华北大学毕业离京回上海工作前,张闻天谆谆告诫他说:"你现在学习了一点马列,而要把它用好是不容易的,还要到革命实践中去经受锻炼。到地方上去工作以后,立场要坚定,办事要公正,不能因为是亲戚、老同学、老朋友,办事就丧失立场。"还特地嘱咐他:"你一定要多学习,多请示,要多抽出一点时间来读马列原著。"

张闻天对儿子张虹生更是严格要求。马文奇回忆说,"每次到舅舅家我总要同虹生一起聊天,表弟总是告诉我,爸爸妈妈对他政治上要求非常严,经常教育他要做一个有理想、有志气的革命青年,走与工农结合的道路。"1957年,第一批知识青年开始上山下乡,在父亲的支持下,张虹生率先报名参加,去天津的茶淀农场锻炼了两年。1962年,张虹生又响应党的号召去新疆军垦农场务农。在那里,张虹生一直连续工作十几年,在繁重的劳动中磨炼自己。

新中国成立后,张闻天既担任过外交部副部长,也曾被错误打倒。但无论是顺境还是逆境,张闻天"一直都是鼓励儿子好好劳动、积极工作"。"文化大革命"期间,张闻天遭迫害,下放到肇庆长达6年,行动受到限制。即使如此,他还在给张虹生的信中说:"个人在运动中受到一点冲击,实在是微不足道的。应该把这种冲击看作是对我们的一种考验,而不是一种负担,并从中吸取应有的教训。"

贤者立德遗子孙。张虹生始终按照父亲的教导,不管是调到南京晓庄农场务农,还是最后以南京大学图书馆的普通工作人员身份退休,在平凡的岗位上,磨炼自己,铭记父亲做"新中国的好青年"的要求,始终没有向国家和组织提过要求,他始终铭记父亲的话:"不论是什么工作,只要是为人民服务,就都是光荣的。"

(刘慧娟 撰稿)

陆定一：
"没有千万烈士的牺牲，我们能相见么？"

新中国成立后，陆定一担任过中央书记处书记、国务院副总理、中宣部部长和文化部部长等党和国家重要职务，是党在宣传文化战线的杰出领导人。作为红军长征的亲历者，陆定一写的《老山界》一文曾被收入了中学语文课本，成为对青少年进行革命传统教育的名篇。

1934年红军长征时，陆定一随中央红军行动，而妻子唐义贞因为怀有身孕，被安排留在中央根据地开展游击斗争。与唐义贞一起留下的还有他们未满3岁的女儿叶坪。陆定一夫妇商定将小叶坪托付给唐义贞的同事张德万，请他带到瑞金以外的地方，找个老乡家寄养，而腹中孩子出生后也交给群众托养。

红军胜利到达陕北后，陆定一听说妻子唐义贞牺牲叶坪也下落不明的消息，十分难过。此后，陆定一开始寻找叶坪，一找就是几十年。而陆定一还不知道的是，唐义贞牺牲前，生下了一个男孩，取名小定。

小定生在长汀。为继续开展革命斗争，唐义贞不得不把孩子寄养在伤残红军范其标家。唐义贞牺牲后，就没人知道孩子的下落了。范其标给小定起名范家定，并抚养他长大。新中国成立后，范其标告诉范家定，他的亲生母亲叫唐义贞，但他亲生父亲是谁，范其标也不知道。范家定根据生母唐义贞的遗物，也开始了漫漫寻父之路。经过几十年的寻找，几经周折，1980年9月，陆定一、范家定父子终于团聚。当陆定一见到从未谋面的儿子时，用双手紧紧抓住他的双臂，激动地说："这个就是了！这个就是我的儿子！"陆定一深情地对范其标夫妇说："感谢你们了，好同志！感谢苏区人民！你们在那样险恶的条件下收养了孩子，这养育之恩，恩重如山啊！"他把范家定叫到身边，语重心长地叮嘱："孩子，两位老人是你的再生父母，他们年纪大了，你要留在他们身边好好照顾。"陆定一还表示："义贞说过，孩子既是陆家的人，也是范家的人，两家都有份，他的姓，要改就改成'陆范'，让他叫'陆范家定'。这是个象征工农团结的姓，也是纪念烈士的姓，希望今后将这个姓代代相传下去。"在陆定一看来，"这个孩子由范其标夫妇抚养了46年，这是不能忘记的。范家没有儿女，年老应当照顾。"

儿子找到了，女儿叶坪依旧杳无音信。陆定一曾颇为遗憾地说："对这个孩子，我尽了力，从1937年找起，到现在没有找到，看来已经无望。如果她在，应该是50岁了。"

山重水复疑无路，柳暗花明又一村。1987年，陆定一在江西终于找到了自己的女儿叶坪。

1987年11月30日，81岁的陆定一和失散的女儿重逢了。当天晚上，陆定一给女儿写了一封信，讲述了自己与唐义贞的往事以及寻找叶坪的心路历程。信的最后，他特别嘱咐女儿要怀着一颗感恩的心，无论是对母亲唐义贞、曾经照顾她的张德万，还是含辛茹苦把她养大的赖氏一家人，都要由衷地感谢。陆定一还特地为叶坪的孙女挥毫写下四个大字：勿离勿弃，寄予了陆定一对亲人团圆美满、不离不弃的祝福，也承载了他对子女后代热爱人民、感恩人民的殷切希望。叶坪记住了父亲的话，一直生活在老家，照顾着对自己有养育之恩的赖家人。

找到一双失散多年的儿女，让陆定一的晚年多了一份欣慰和幸福。他对孩子们说：我们之所以有今天，是因为革命胜利了。没有千万烈士的牺牲，我们能相见么？老区人民爱党爱军，心地朴实，道德高尚，否则叶坪和小定不死也早沦为乞丐了。在陆定一的心中，自己一家人的团聚是人民给予的，因此无论是自己还是孩子们，都要热爱人民，感恩人民，只有这样，才对得起牺牲的烈士们。

人民，在陆定一心中始终有着沉甸甸的分量。1992年，他在《陆定一文集》自序中写道："革命是艰难的，因而是伟大的事业。但是，建设何尝不艰难，何尝不伟大。你们能够迎着艰难而上，那就对得起人民，对得起中华民族了。"这既是耄耋老人留给广大读者的肺腑之言，也是他对儿女的殷切嘱托。

（黄亚楠、张群　撰稿）

陆定一：
"我家没有这个规矩"

常言道，爱子，教之以义方。陆定一一生低调做人，踏实做事，要求子女不能讲特殊、不要搞特权，经常教育子女要自立自强，成为对国家和人民有益的人。

陆定一对子女要求十分严格，坚决反对子女搞特殊化。孙子陆继朴出生后，陆定一偶尔会在晚上忙完工作后去看一眼孙子，抱着孩子高兴地说："喜欢，喜欢。"都说人老隔辈亲，陆定一却从未为之破例越权。陆继朴上幼儿园后，儿媳小莉虽知道陆定一给家里立的规矩，但觉得孩子上的幼儿园离家实在太远，每次接送要倒好几趟车，既不方便也不安全，于是鼓起勇气找陆定一商量，想借用他的专车接送孩子。陆定一坚决反对用专车接送孩子，干脆地对儿媳说："我家没有这个规矩。"事后，陆定一找儿子陆健健谈话，平静地对他讲："小莉来找我，想用我的车送继朴上幼儿园，我没有同意，原因你也知道，我就不多说了。我这里有一些稿费，给你们坐公车用吧。孩子上学是你们自己的事，我能做的就到此为止。"父亲的一番话，让陆健健既愧疚又感动。

上个世纪80年代，彩电成为抢手货，曾有亲戚想找陆定一帮忙，给相关部门打个招呼找渠道购买一台彩电，陆定一听后坚决回绝：

"我也不知道怎么购买。"从此，家里再没有人向他提过任何非分要求。

陆定一还常常告诫子女不要总想着去做官，要通过自身的奋斗，好好学习技能掌握本领，为国家的建设和发展贡献力量。陆定一的子女谨记父亲的谆谆教诲，都是通过自身奋斗考入大学、走上岗位，从不走后门。

陆定一教育子女杜绝走捷径、搞特权的直接办法是让他们学会独立思考，脚踏实地，自食其力。上个世纪60年代初，陆定一的儿子陆德考上哈尔滨军事工程学院。入学前夕，陆定一专门抽出两天时间给他讲老子的《道德经》。他中肯地对陆德讲："《道德经》充满了辩证思想，年轻人要学会独立思考，具有辩证思维，不能再简单的1加1等于2，很多事情都是发展变化的。"陆定一要陆德特别重点学习毛泽东的《实践论》和《矛盾论》，嘱咐道："走上社会必须学会辩证地看问题。"

陆定一告诫子女要始终情系人民、心系国家，永葆赤诚之心。他常向晚辈讲长征的故事，情到深处不忘叮嘱："多少革命志士献出了宝贵的生命，有的连名字也没留下来。活下来的人是'幸存者'，怎还能计较什么个人得失？要多关心大事、少计较小事。"而陆定一讲的"大事"就是国家的事、人民的事，"小事"就是家庭的事、个人的事。

1984年，儿子陆德要到外地去工作，陆定一专门给他写了一幅字："一切从实际出发，调查研究实事求是，同工农和知识分子交朋友，过则勿惮改。"到了晚年，陆定一不忘为外孙深情写下寄语："我们这一代，为中华民族搬去了三座大山。你们这一代，要把国家建设起来，成为富强的国家。然后，继续前进。"他还给曾孙分别取名为"富强"和"富民"，强国富民的热烈愿望，由此可见一斑。

陆定一注重通过言传身教让子女明白做人做事的道理，深深影响着身边的每一位亲人。他的儿子陆德回忆:"我和妹妹、弟弟都把父亲当作心中的行为典范。没有文字的照本宣科,我们却在日常生活中模仿着父亲的一言一行,规范着自己的道德行为。"

(张群　撰稿)

罗瑞卿：
"你们出生在这个家庭里，没有什么可特殊的"

罗瑞卿共有8个子女。作为家长，他非常关心和爱护他的儿女，但对他们要求也非常严格，要是孩子们犯了错，更是没有半分商量的余地。他经常教育子女："你们出生在这个家庭里，没有什么可特殊的。你们要特殊就是好好学习，好好工作，为国家多做贡献。"

一心为公、不谋私利、生活简朴是罗瑞卿家风的鲜明特点。罗瑞卿有六无：一无金银财宝，二无巨额存款，三无古玩字画，四无名烟名酒，五无绫罗绸缎，六无人参鹿茸。新中国成立后，罗瑞卿一家居住在北京缎库胡同的一座两层小楼里。罗瑞卿觉得房子太大、太多，便再三要求将一楼腾给秘书和公安部办公厅的青年同志居住，自己家10口人则挤住在楼上的几间卧室。他家里的家具也十分简单、陈旧，却反复叮嘱不准换新的。

有一次，一位苏联援华专家要携夫人、孩子来罗瑞卿家里作客。为了款待外宾，罗瑞卿连忙请人搬来一套沙发、一块地毯，将家中的会客室布置一番。苏联客人走了之后，工作人员建议将沙发、地毯留下，可罗瑞卿坚决要求将沙发、地毯搬走。这件事，给孩子们留下深刻印象，使他们从小便知道，不能占公家一丝一毫的便宜。

在工作问题上，罗瑞卿要求子女们服从组织安排、绝不搞特殊。1953年，他的女儿罗峪华从大连俄文专科学校毕业，分配到公安军司令部担任翻译。当时兼任公安军司令员的罗瑞卿得知后，马上对罗峪华说："你不能来公安军，将来同我打交道多不方便，对你也不好嘛！你是北京军区调去学习的，还是回那儿好。"就这样，罗峪华又重新回到北京军区。1958年，部队决定大部分女同志转业到地方工作。罗峪华当时有些想不通。罗瑞卿知道后，严肃地批评道："你是共产党员、革命军人，怎么能不愉快地服从组织决定呢？"接着，他又耐心地做思想工作，使女儿愉快地接受了转业安排，到中学当了一名老师。

1965年，类似的事情又发生在女儿罗峪田身上。罗峪田大学毕业分配工作前夕，罗瑞卿问她："你的第一志愿报在哪里？"罗峪田答道："总参。"罗瑞卿严肃地摇摇头，说："我在总参，你就不能到总参来。"于是，罗峪田便去了内蒙古工作，一干便是10年。

罗瑞卿最担心的，就是子女仗着父辈是领导干部，便脱离群众、骄傲自满。他要求子女"上学填表的时候，都是只填母亲的名字，不填父亲的。"他对子女们说的最多的就是，要夹起尾巴做人，千万不要脱离群众。他常说："我们都是幸运的，都是幸存者。无数先烈牺牲了生命，建立了新中国。和他们相比，我们有什么资格骄傲？你们就更没有骄傲的资本了。"

有一次，罗瑞卿查看儿子罗箭的年终考核情况，看到在操行评语中写着："希望和更多的同学打成一片。"他有些生气地批评道："老师这么写肯定是你有做得不对的地方，你是不是在同学中间耍骄傲？你是不是以为自己了不起了？"

1963年3月，罗箭被选送去新疆搞核试验。由于这是一个绝密的国家任务，上级要求：执行任务的决定不能对包括家人在内的任何人说。罗箭回家收拾行装时，轻描淡写地对父母说："我要到外地出差一段时间。"罗瑞卿问："干什么去？"罗箭回答："上级要求，这次执行的任务不能说。"罗瑞卿微微一笑，温和地说道："去吧！"其实，当时兼任"两弹一星"专业委员会办公室主任的罗瑞卿，怎么会不知道儿子执行任务的情况。他之所以高兴，是对儿子严守纪律的欣慰。在新疆罗布泊核试验基地的地堡里，罗箭与家里彻底失去了联系。罗瑞卿心中挂念，又不能问，有时候开玩笑说："我儿子都失踪了好几个月了，也不知道去了哪里？"这一次执行任务，罗箭隐姓埋名整整"失踪"了8个月，两次荣立三等功。后来，罗箭又被父亲"送"到新疆，一待便是好多年。回忆起这件事，他说："那时候还是很想不通的，不知道父亲为什么那么不喜欢自己在他身边，后来想一想，这是父亲的一番苦心，他是爱儿子的，但他心里装着的却是整个中国的国防事业。"

尽管罗瑞卿有时严苛到不近人情，但家里人都能体会他的良苦用心，都始终牢记要努力为国家为人民做贡献，而不能躺在功劳簿上度过一生。

（徐嘉　撰稿）

罗瑞卿：
做"大鹏鸟"，不做"蓬间雀"

作家罗点点是开国大将罗瑞卿的女儿。她始终铭记着父亲对她的告诫："我们都要做'大鹏鸟'，不做'蓬间雀'。妈妈爸爸应当这样，儿女们也应当这样。"要志存高远，做大事，不要庸庸碌碌。在罗瑞卿眼中，党和国家的需要，就是孩子们学习和工作的方向。

新中国成立后，罗瑞卿曾对孩子们说：我们打了一辈子仗，建立了一个新中国，可建设这个国家就靠你们了，要努力学习，要学好数理化，学好自然科学，将来为国家建设作贡献。因为工作忙，早出晚归的罗瑞卿常常见不到孩子，他在墙上写下他对子女们的要求："学习必须是最好的，中学不许谈恋爱，大学不许结婚"；"不许抽烟不许喝酒"；"一定要看毛选，一定要熟读刘少奇的《论共产党员的修养》。平时生活中也要按照这个做，这个就是标准……"

在父亲的要求和影响下，大儿子罗小卿从小便酷爱物理，打定主意要学"原子能"。1958年，他在高考中物理获得满分，被中国科技大学原子能专业录取。3年后，哈军工成立核物理系，决定招收一批具有原子能专业知识的人才。罗小卿得知消息后十分激动，马上向罗瑞卿提出要去学习核物理、搞原子弹，将来报效国家。罗瑞卿听后，非常支持大儿子的决定，郑重其事地说："你现在大了，要上哈军工了，我给你起个大名吧。"说罢，罗瑞卿拿出一张纸，写了三个字：箭、宇、原。大儿子不解地问："这三个字是什么意思？没有共同的偏旁，也没有什么其他共同的地方。"罗瑞卿说："你怎么就不知道呢？'箭'就是导弹火箭、'宇'就是宇宙飞船、'原'就是原子弹，你们正好兄弟三人，就取这三个字吧。"于是，罗小卿便改名为罗箭。

在父亲的鼓励下，1963年初，大学毕业的罗箭来到国家核试验研究所工作，参与共和国第一颗原子弹的研制及第一次、第二次核试验。在罗箭看来，在最恶劣的工作环境中，恰恰是父亲的教导和期望给了自己坚持下去的力量。他说："我们的名字寄托着爸爸和他那一辈人富国强兵的期望。不但我们兄弟三人走进了部队，我的两个妹妹，一个在中国科大上了高分子化学系，一个考入了哈军工核物理系，全部都被父母送上了国防科技战线。"

罗箭说的那个"考入哈军工核物理系"的妹妹就是罗峪书。当她在哥哥之后也准备投身核事业的时候，聂荣臻的夫人张瑞华劝罗瑞卿说："你们家已经有一个孩子去搞核了，那个东西对人的身体还是有伤害的，女孩子就不要去了。"罗瑞卿说："别人家的孩子可以搞核武器，我们的孩子为什么不行？"

罗瑞卿就是这样，坚持严格要求、关心和教育自己的孩子，用自己"对党的绝对忠诚"影响他们，期待他们为党分忧，为国建功。

1974年底，罗瑞卿最小的儿子罗原准备参军。为了教育、勉励儿子，罗瑞卿连写了四首"示儿诗"，其中一首这样写道：

我儿去参军，模范要力争。
政治成熟后，做个党之人。
标准有五条，党章载得明。

达到虽非易，创造凭自身。

思想最高峰，有志亦能登。

父母殷切意，愿儿切实行。

　　罗瑞卿曾殷切地对孩子们说过："共产党员的称号是光荣的，但要名副其实。共产主义是美好的，为之奋斗终身是不容易的。组织上入党当然重要，更重要的是思想上入党。"

　　父爱如山，罗瑞卿对孩子们的精神影响是长久的。罗箭曾感慨地说："虽然没有什么固定的、成文的家训。但父母的言传身教、以身作则，对我们造成了潜移默化、润物无声的影响。"

（徐嘉　撰稿）

邓子恢：
"一定要时刻惦挂着群众"

邓子恢是党内公认的农村问题专家，他的一生和农村、农民紧紧相连。为了让群众过上更好的生活，邓子恢呕心沥血。他对子女常说一句话："心里一定要时刻惦挂着群众。"

邓子恢父亲是一名乡间医生。他医德高尚，凡是来自贫苦家庭的病人，概不收费。虽从医数年，邓家依旧一贫如洗。年少的邓子恢耳濡目染，在中学时期的日记中写道："旱灾难免，祸乱将兴，叹我生民，行将涂炭。"为人父后，邓子恢言传身教，希望下一代也能对人民群众有深厚的感情。

邓子恢曾对妻子陈兰说过："中国的农民是最老实的，我们要特别注意保护农民的利益，反映他们的疾苦，而不能去欺侮他们。"邓子恢还常常给孩子们讲述闽西游击战争中老百姓拼着性命为他们通风报信、送粮送药的故事。他十分动情地说："乡亲们把米送给我们吃，自己却吃地瓜、地瓜叶。那时候要是没有乡亲们支持，我们是坚持不下来的。"邓子恢希望用讲故事的方式让孩子们知道，为什么我们党要根植于人民，什么是军民鱼水情。

1954年后，邓子恢在中央农村工作部大院的平房办公和居住。因夏天酷热，他经常挪到潮湿的地下室，得了腰痛病，却从未要求装修或换个舒适的住房。虽然邓子恢身居高位，但他家人口多，负担重，只能靠省吃俭用安排生活。即便如此，他还经常拿出不多的生活费帮助老战士和老乡亲。正如陈兰所说："'把方便让给别人，把困难留给自己'，这已成了我们的家风。"

1961年，病中的邓子恢接到家乡群众反映农村生活困难的来信，心中难过，不顾家人劝阻，坚持要回家乡去看一看。他神情激动地对家人说："我们过去革命靠谁？还不是靠老百姓！"

在老家，当年参加暴动的老乡见到邓子恢，捧着一碗用糖拌过的焦芋粉给他吃，并说："你难得来一回，本应该好好招待你，现在没有白米了，这是家里最好吃的东西，你吃了吧。"看到老区人民在新中国成立10多年后生活还这样艰苦，邓子恢立刻用自己工资买了15斤面条，请全村人吃了一顿饱饭。回京后，邓子恢又一再向中央建议，要求实行包产到户。

邓子恢常常教育子女不要忘本，吃苦耐劳，保持劳动人民的本色。有一次，他带领全家人参观大型泥塑《收租院》，这组作品再现了旧中国人民群众的困苦生活。当他们走到插着草标卖身的瘦弱小女孩塑像旁边时，邓子恢默默站定并流下了眼泪。他一边参观一边向孩子们讲解旧社会的农村情况，使孩子们接受了生动的革命传统教育。父亲的一举一动，使孩子们深受触动。

女儿邓小涟被分配去北大荒兵团支边，那里条件艰苦，她不免心存顾虑。邓子恢鼓励她说："北大荒是王震叔叔带领部队官兵开垦出来的，你要继承光荣传统，好好干活！"在父亲满含期待的注视下，邓小涟勇敢地投身拓荒者的行列，不怕吃苦，勤勤恳恳，任劳任怨，用汗水谱写了自己的青春之歌。

直到现在，邓子恢家的孩子们依然和家乡老区的乡亲保持着密切的联系。他们永远不会忘记父亲的教诲："对群众有益的事，就坚持；对群众不利的，就反对。"在他们眼里，父亲矢志不渝地坚守着这一信念，心里永远念着群众，想着民生，这是父亲留给他们最丰厚的精神遗产。

（王倩、黄亚楠　撰稿）

邓子恢：
革命者要有科学文化知识

在邓子恢看来，学习知识是每一个人自立于社会的根本与基础。他不但自己一生坚持学习，而且在培养子女勤奋好学上丝毫不放松。

从孩子们进幼儿园起，邓子恢就督促他们多读书，多思考，增长见识和本领。多年以后，邓子恢的儿子邓淮生在回忆父亲时说："父亲一直对我们很关心，很照顾，并不严厉，但他却要求我们一定要学好文化知识。他常说，文化水平能够决定革命水平，一个人一定要有文化，现在你们从小开始读书，将来要做个对党对人民有用的人。"邓子恢的话很质朴，却让孩子们记住了一辈子。

因战争年代求学环境不好，邓子恢的长女邓芳梅读书不多，文化知识基础薄弱。每当发现她学习中遇到困难产生畏难情绪，邓子恢总是耐心启发、循循善诱，给她讲许多工农干部刻苦学习的事迹，增强她学习的信心和动力。邓子恢曾对她说："一个革命者，首先要有全心全意为人民服务的精神。但是，光凭一股热情不够，还要有革命理论作指导，要有科学文化知识，才能胜任工作，完成党交给的任务。"父亲的教导，激励着邓芳梅一生坚持学习、写作，直到80岁，她还在坚持写小说。

女儿邓小燕小学时学珠算总是一知半解，邓子恢立刻拿过算盘，手法熟练地打了起来。他一边示范，一边对邓小燕说："学任何知识都要认真，只要用心就能学好珠算，以后肯定用得上。"邓小燕谨记父亲的忠告，一直坚持练习珠算。工作后，邓小燕一手熟练的算盘功夫经常让同事们钦佩不已。

女儿邓小兰是个军医。1971年，邓子恢在给邓小兰的家信中这样写道："知你已认识到中草药的重要性，决心学习，更好地为人民服务，很高兴。你已填了一份申请书，争取入党，很好，这是每一个人的政治生命。为了早日争取入党，要努力把工作做好，对病员、对同志要热情照顾，互助互教，要学习毛主席著作，要多看《解放军报》，逐步提高自己的思想觉悟，终身做一个革命的五好战士。"

非学无以广才，非志无以成学。即使儿子邓建生当兵养猪，邓子恢也专门为他找一些养猪的资料和书寄过去，鼓励儿子学好生产知识，把猪养好，为国家贡献一份力量。

在邓子恢看来，学习是内在的自觉，是终身的习惯。20世纪70年代，年迈的邓子恢身体状况已大不如以前，却仍然有很高的学习劲头。他经常借助放大镜看文件、读马列和毛主席著作，到后来什么也看不清了，就让孩子们念给他听。

对孩子们来说，邓子恢是为党和人民的事业而坚持学习的好榜样，也是引领他们向学、勤学的好父亲、好老师。

（王倩、黄亚楠　撰稿）

习仲勋：
为人民服务，就是对父母最大的孝

习仲勋曾被毛泽东誉为"从群众中走出来的群众领袖"。在数十年的革命生涯中，习仲勋的心中装的始终是党和人民，从来未曾改变。他曾说过，共产党和人民政权，是替老百姓服务的，就要一心一意老老实实把屁股放老百姓这一方面，坐得端端的。习仲勋不但自己是这样做的，对家人也是如此要求的。他总是以自己的身体力行，教诲孩子们如何做一个纯粹的、有益于人民的人。

"我是农民的儿子"。这是习仲勋在家中常说的一句话。女儿桥桥说：父亲常常教育我们不要忘本，何为本？那就是像父亲一样，永远以人民群众的利益为根本，永远保持劳动人民的本色。

为了增进孩子们与人民群众的感情，习仲勋总是鼓励、敦促乃至命令他的孩子们走近人民、与人民不离不弃、与人民同甘共苦。1975年，习仲勋在洛阳耐火材料厂时，小儿子习远平在北京服务机械厂当车工。当远平节假日到洛阳看望父亲，汇报自己的工作后，习仲勋语重心长地叮嘱他：在最脏最累的岗位上，才能与工人的心贴得更紧，知道幸福来之不易。

这年7月，习仲勋让远平跟着哥哥近平去陕北梁家河看看，了解那里农村的生活。从富平到铜川到延安到延川，再到文安驿公社再到梁家河大队，坐了火车、长途汽车、徒步，仅仅是去时的路程就让远平累得精疲力竭。第二天，远平跟着哥哥学着干农活。近百斤重的一捆麦子上了肩膀，10里山路一气儿走下来，中途不能落地休息。这一扛就是一天，衣服被汗湿得能拧出水来。经历了这些辛苦，习远平终于体会了父亲催他陕北之行的深意：习仲勋是要让他这个小儿子认识陕北农民，认识陕北农民的生活。后来，习远平回忆说：这次陕北之行既让我终身难忘，也让我终身受益，我慢慢认识了陕西农民和他们的生活，再没有什么苦和难，能在我的眼里称得上是苦和难；也再没有任何障碍，能分离我与乡亲们的血肉之情。

  对于当了干部的习近平，习仲勋的要求则更高。习仲勋早年曾说过："我们当干部的万万不能站在老百姓头上，如果我们的干部叫人家一看，是个'官'，是个'老爷'，那就很糟糕。"因此，习近平刚开始从政，习仲勋就曾特意嘱咐："不管你当多大的官，不要忘记勤勤恳恳为人民服务，真真切切为百姓着想，要联系群众，要平易近人。"

  父亲的话，习近平牢牢记在了心中。父亲多年来的言传身教，也早已将"人民"两个字融进了他的血脉中。从大队书记到县委书记，从省委书记到党的总书记，从梁家河到正定，从福建到浙江，从上海到北京，不论所处何地，不论担任什么职位，习近平始终没有忘记父亲的教诲——"勤勤恳恳为人民服务，真真切切为百姓着想"，他的心始终和人民在一起。

  2001年10月15日，是习仲勋88岁的生日，习家三代人及亲友欢聚一堂为习仲勋祝寿。然而，唯独时任福建省省长的习近平因公务繁忙缺席了寿宴。抱着愧疚，他特意向父亲写了一封拜寿信，由姐姐桥桥代为朗读。

  在信中，习近平表达了对父母的感激与崇敬。他深情写道："您是一个农民的儿子,您热爱中国人民,热爱革命战友,热爱家乡父老,热爱您的父母、妻子、儿女。您用自己博大的爱,影响着周围的人们。您像一头老黄牛,为中国人民默默地耕耘着。这也激励着我将自己的毕生精力投入到为人民群众服务的事业中,报效养育我的锦绣中华和父老乡亲。"

习仲勋听完儿子的来信,既理解又欣慰。他以一个老革命家特有的情怀向家人亲友们说:"还是以工作为重,以国家大事为重","为人民服务,就是对父母最大的孝!"

2019年3月22日,意大利众议院议长菲科曾问过习近平一个问题:"您当选中国国家主席的时候,是一种什么样的心情?"习近平的回答简短有力:"我将无我,不负人民,我愿意做到一个'无我'的状态,为中国的发展奉献自己。"

"我将无我,不负人民",这是习近平的信念与誓言,而蕴含其中的,一切源自人民、一切为了人民的无私无畏,正是习仲勋对子女一贯的教诲。

(叶帆子　撰稿)

习仲勋：
你是习仲勋的女儿，就要"夹着尾巴做人"

家庭是人生的第一个课堂。家庭教育涉及很多方面，但最重要的是品德教育，是如何做人的教育。习仲勋在教育子女时，就特别注重教孩子们如何做人。习近平在写给父亲的信中就曾说，从父亲那里继承和吸取的宝贵与高尚品质很多，第一就是要学父亲做人。习仲勋将共产党人的优良作风和中华民族的传统美德融为一体，通过自己的率先垂范、言传身教，为孩子们做出了榜样。

习仲勋为人坦诚、忠厚。他教孩子们做人要厚道，要公道正派、不揽功诿过。他曾说过："我这个人呀，一辈子没整过人。"即使对做过错事伤害了自己的人，他也宽宏大度，从不记私仇。在"文化大革命"中，当康生等人给习仲勋扣上"反党集团"的帽子时，为了保护同志和下属，他尽可能地将"罪名"都揽到自己身上，承担一切，尽可能解脱别的同志。

对此，女儿桥桥一度很不理解，曾问父亲这是为什么？习仲勋回答："我身上的芝麻，放在他们身上就是西瓜；他们身上的西瓜，放在我身上就是芝麻。"

习仲勋教孩子们做人要谦让。在家，谦让父母，谦让兄弟姐妹；

在外，谦让长辈，谦让同学同事；谦让荣誉，谦让利益，谦让值得谦让的一切。

在习远平读小学的时候，习仲勋曾不止一次拿着课本，拉住他的手，给他念《孔融让梨》这一课，讲其中的道理。直到很久以后，习远平对故事里的一字一句都记得清楚，因为这是父亲对孩子们的特别家训。孩子们很感谢习仲勋，走入社会以后，父亲让他们从小养成的谦让习惯，使得他们在面临复杂社会关系，处理个人与他人、个人与集体、家庭与国家利益时，获益良多。

习仲勋教育孩子们做人要低调，要自立自强，靠自己的本事吃饭，不利用职权搞特殊化。他鼓励孩子们到艰苦的地方去，到基层去，到祖国建设最需要的地方去。

二女儿乾平是"文化大革命"前毕业于外交学院的高材生，擅长法语，毕业后被分配到《国际商报》工作。1983年，光大公司筹建之时，创办人王光英有意调她去工作。习仲勋闻知后，当面谢绝了王光英的好意，他说："还是不要调她去好。你这个光大公司名气大，众目睽睽，别人的孩子能去，我的孩子不能去！"

后来，习仲勋将此事告诉了乾平，女儿觉得很委屈：自己学涉外专业，又懂外语，专业对口，刚好可以发挥特长，为祖国的改革开放做点事情，有什么不好？习仲勋却严肃表示：人只要有本事，在哪里都可以发挥作用，就怕你没有本事。你是习仲勋的女儿，就要"夹着尾巴做人"。

习仲勋的严格要求一直影响着家人。在习近平走上领导岗位后，习老的夫人齐心曾专门召开家庭会议，要求其他子女不得在习近平工作的领域从事经商活动。受父母耳濡目染影响，习近平对家人要求也非常严格。他担任领导干部后，每到一处工作，都会告诫家人和亲友："不能在我工作的地方从事任何商业活动，不能打我的旗号办任何事，否则别怪我六亲不认。"

习仲勋在最后的日子里多次对子女说："我没给你们留下什么

财富，但给你们留了个好名声！"

事实上，不只是好名声，习仲勋还为子女们留下了最为宝贵的精神财富。齐心曾在回忆习仲勋时，写下这样一段话：我感激你能够始终如一地严格要求我们的孩子，他们能够成为今天这个样子，你这位严父可以说是功不可没。

（叶帆子　撰稿）

陶铸：
培养"勤学多思"的学风

陶铸的一生始终与书相伴，他爱好读书，涉猎广泛，是个嗜书如命的人。女儿陶斯亮说：父亲留下了很多宝贵的精神财富，包括"勤学多思的学风"，"对我影响至深"。

陶铸在几十年的革命生涯中，不管斗争怎样激烈，环境如何艰苦，他总是挤出时间来学习。1933年5月陶铸在上海被捕入狱。在狱中，他埋头苦读，比较系统地阅读了政治、经济、历史和文艺等领域的书籍，研读了《史记》《昭明文选》等古典书籍。1937年9月被党组织营救出狱时，他不无感慨地说："我在这里上了四年大学。"

新中国成立后，陶铸对女儿的学习关怀有加。陶斯亮说：在父亲的影响下，我从小养成了学习思考的习惯，坚持写日记，定期总结自身的优缺点。父亲一有时间也和我一起总结，并帮着修改日记和作文。

一次，陶铸应胡志明的邀请访问越南，根据组织安排，陶斯亮也去了。从越南回来后，父亲交给女儿一个任务："你给胡志明伯伯写封信，感谢他的热情接待。"

陶斯亮在写信的时候，感觉没有恰当的词来表达感激之情，抬头看到房间里有一幅"海内存知己，天涯若比邻"的字画，就把这句话给用上去了，然后拿给父亲看。陶铸看过，说："这句话怎么能用在这儿呢？你一个小孩子家，怎么能跟一个国家的领导人称知己呢？"

当时，陶斯亮有点不服气。陶铸就耐心地给女儿讲解为什么不能用这句话的道理。如此，在父亲的言传身教下，陶斯亮激发起浓厚的学习兴趣，也养成了深入思考的习惯。

陶斯亮时时以父亲的教诲鞭策自己，勤学不辍。她考取第二军医大学，毕业后当了军医。工作之余，她一直保留着对文学的爱好，喜欢读书、写文章，读了不少18世纪、19世纪欧洲、俄罗斯、前苏联的世界名著，还看了很多中国的革命小说，比如《红岩》《苦菜花》等等。

1978年12月，在平反冤假错案的那段日子里，她写下了《一封终于发出的信——给我的爸爸陶铸》，发表在《人民日报》上。这篇怀念父亲、控诉"四人帮"的万言文章，感情炽烈，文辞激越，感动了无数国人，配合了当时拨乱反正的时代潮流，发挥了重要的社会舆论作用。

（张建军　撰稿）

陶铸：
松树般坦荡无私的品格

陶铸在《松树的风格》一文中，这样写道："我每次看到松树，想到它那崇高的风格的时候，就联想到共产主义风格。我想，所谓共产主义风格，应该就是要求人的甚少，而给予人的却甚多的风格。"正是在这种共产主义风格的熏陶下，陶铸一生克己奉公，始终严格要求自己和家人，践行了共产党人的生活准则，保持了共产党人的无私本色。

1951年11月，陶铸胜利完成广西剿匪任务后，第一次顺路回祁阳老家看望阔别多年的乡亲。中午到达县城时，县里为他备了一桌接风酒。他知道了，坚持不去。后来找到了他在县一中工作的哥哥，到学校的教工食堂吃的饭。

当时，哥哥另加了几个菜，他问："这饭菜是由你私人掏腰包请客，还是由公款报销？"哥哥说："这完全是我私人的钱，保证不揩公家一分钱的油，你就放心大胆地吃吧！"

听了这话，陶铸才笑着说："这就好，这就好！我们干革命工作，搞社会主义，头一条就要公私分明，一丝不苟。你今天的情意我领了。"

陶铸把个人的"小家"和公家的"大家"的关系摆得很清楚。

由于工作关系，他有出国机会。每当这时，他常常用自家的钱，为公家置办急需之物，但从没想过要给女儿买点什么。有一次出国，公家发了些外币，他想到省委招待所没有吸尘器，便买了一个，带回来送去。参加苏共二十二大时，他没有给女儿买礼物，却用自己为数不多的津贴，为广东粤剧团买了一台幻灯机。对此，陶铸曾经对外甥说："我们不是旧社会的官，我们不追求个人什么财产，我们的一切，都是公家的，连我个人也是公家的。"

陶铸的家风深深烙印着克己奉公的品格。夫人曾志在晚年的生活中，保持着近似严苛的清贫与简朴。但对于党的事业，却非常大方和豪爽。她和女儿陶斯亮把陶铸留下的稿费、公债，连同平反后组织上补发的抚恤金，一分都没有要，全部交公。

有人对他们母女说："你们收入并不多，留下一点备用也好呵！"对此，曾志说："我想，我们这样做，一定更符合陶铸同志的意愿。克己奉公、艰苦朴素，也是陶铸同志传下的家风。……有时，手头是感到紧一点，但，只要精打细算，日子还算过得去。"

曾志临终前，让女儿帮着清理存款和现金。80多只信封（工资袋）里，存放着多年省吃俭用留下的工资。对这些现金，她再三叮嘱陶斯亮："一定不要扔掉那些信封，因为它们可以证明这些都是我的辛苦钱，每一笔都是清白的。"

一如陶铸松树般的风格，生活简朴的曾志，把一生积蓄都捐给了党组织。她说："共产党员不应该有遗产，我的子女们不得分我这些钱。""要将钱交中组部老干局，给祁阳和宜章贫困地区建希望小学，以及留做老干部活动基金……"除了捐赠自己省下的全部工资，还把自己尚待出版的著作版权，也赠给了老干部局，希望稿费所得能为外地来京看病的老同志做些补贴之用。

至今，这80多个信封，还陈列在中组部部史部风展厅里。陶铸在蒙冤被困时曾写下《赠曾志》一诗，其中"心底无私天地宽"

一句，不正是这一对革命伉俪"坦荡为公、毫无私心"家风家教的鲜明写照吗？

（张建军　撰稿）

马永顺：
"不能在咱们家搞走后门这一套"

半个世纪以来，马永顺这个名字始终是与林业紧密联系在一起的。这位全国著名的劳动模范，新中国第一代伐木工人，在祖国最需要的时代，他只身来到了东北地区的林业局，用一道弯把锯，创造了全国手工伐木产量之最，有力地支援了祖国的经济建设。退休后，他带领全家人上山植树造林，誓要把他采伐的 36500 多棵树全部补栽上，立志还清"历史欠账"，确保祖国林业资源的有序利用。

早在 50 年代，马永顺的事迹就被编入教材，也曾多次受到毛泽东、周恩来、江泽民等党和国家领导人的亲切接见。就是这样一位名震全国的林业老英雄，他常常要求自己的亲属、子女不能以全国劳模亲属的身份自居，更不允许他们打着自己的旗号出去办事，他时常告诫家人："做人要当老实人，说老实话，办老实事"，他既是这么说的，也是这么做的。

1961 年，因为在工作中表现突出，黑龙江省铁力市林业局决定任命马永顺为伊吉密林场场长。消息传来，老友们纷纷过来道贺。

这时候，有位相交多年的老朋友悄悄把马永顺拉到一边，请求他帮忙，把自己的儿子安排到林场工作。

马永顺大手一挥，满口答应："没问题，你儿子只要能吃苦，爱劳动，我亲自带着他，教他油锯伐木。"

那位老朋友说："我想把儿子安排到你们场办公室，写写算算，当个干部。你我相交多年，这对你来说不还是一句话的事情，你不会不帮忙吧？"

马永顺搓着他那粗糙的大手，露出了难色："这事我可办不了，我是个场长，场里那么多职工都在看着我，我不能违反规定办事，这个后门我开不了。"

马永顺不给老朋友开后门，对自己的子女也是严格要求。

马永顺的小儿子马春生20出头，是林业局招待所食堂的厨师。1987年初，他和一位名叫孙秀琴的姑娘订了婚。这个姑娘高中毕业后还没找到工作，正在家中待业。

"爸爸，你去找一下林业局领导，给你儿媳妇安排个工作吧。"马春生恳求道。

"春生啊，这样做不好。最近林场遇到了困难，木材生产任务逐年减少。局里很多职工都没活干，都在千方百计找出路呢，我哪能去开这个口呢？"

坐在一边的老伴不乐意了，她心疼小儿子和儿媳妇，对着马永顺说："你是全国劳模，找局长、书记好好说说，肯定会给你这个面子，准能给咱家儿媳安排个好工作。"

马永顺摇了摇头："这不行，我不能去求领导，我更不能在咱们家搞走后门这一套。"

谁知道过不了多久，林业局招待所食堂由于经营困难，决定精简人员，马春生也在被精简之列。

这让家里人有点着急了，他们找到马永顺："小孙的工作还没着落，连春生都要被精简下来，这可怎么办。你快去和林业局领导说说，好歹你是全国劳模，这点局里不会不考虑的。"

马永顺还是坚决地摇了摇头，没有让子女利用自己的关系去走后门。

后来，马春生决定自谋职业，和妻子开了一家小饭店。马永顺知道了，十分高兴。他不仅把自己的积蓄拿出来，还利用休息时间到饭店帮忙。

有人问起来，他严肃地说："如今林业资源减少，经济危困，不好安排工作。我儿子儿媳自谋职业，既减轻了林业局的负担，个人也有了生活出路，有什么不好？现在有的人，端惯了铁饭碗，一有困难就伸手向上要这要那，这种风气决不可长。"

在马永顺身上，我们不仅能够看到新中国第一代工人那种顽强拼搏、艰苦奋斗的精神，同时通过他的事迹，也能看到他一身正气、两袖清风的人格风范。这是一位老劳动模范的初心和坚守，也是他留给子孙后代最好的财富。

（吕春阳　撰稿）

马恒昌：
"咱们是工人，路得靠自己走"

马恒昌是新中国成立初期著名的全国劳动模范，他创建了全国著名的先进班组——马恒昌小组。他长期担任全国人大代表和人大常委的职务，曾先后13次受到毛泽东主席的亲切接见。然而，在马恒昌的心里，自己始终只是一名普普通通的工人。他留给家人的家训也只有简简单单的一句话——"咱们是工人，路得靠自己走。"

马恒昌一贯要求自己和家人在个人利益和荣誉面前不伸手、不张口、不搞特殊化，始终把自己当成一名普通工人。他常常说："人大常委怎么了，同样也是人民的勤务员，没有特殊的理由，我到什么时候都是一名工人。"上个世纪50年代，马恒昌的家随工厂迁到了齐齐哈尔。一家八九口人挤住在16平方米的平房里，旁边就是臭水沟和厕所，夏天气味难闻，开不了窗户，而他一住就是30多年，他说："人家都能住，我为什么不能住？"直到他身患癌症去北京治疗前，才勉强同意搬进了楼房。1985年马恒昌在京住院期间，家里人被安排来京探望他。马恒昌有些不安甚至生气了，他让老伴打发子女们都回家去。他着急地说："厂里给我看病都花好几台床子了，不该再让企业浪费钱财了。"这年5月，马恒昌对陪护自己的儿子马春忠说："北京不能再待了，花钱太多了，领导说是不怕花钱，那都是工人的血汗钱。"重病的马恒昌回到了齐齐哈尔，这是他唯一一次没有服从组织的安排。

马恒昌要求自己做普通工人，同样这样要求家人。他总是对孩子们说："听党话，跟党走"，"要学做人，做好人"，"要想当好头，就得带好头"，"工作要向上攀登，生活要往下看"。1975年3月的一个星期天，马恒昌将住在齐齐哈尔市的子女召集起来，郑重地开了一个家庭会议。那天，他再一次告诫孩子们说："从今往后，我跟你们——包括你妈和我，都要遵守这么几条：不许背着我向领导提要求，哪怕是再合理的要求也不行；不许背着我答应任何人的要求，更不准接受礼品；自己的路必须自己走。"尽管这已经不是他第一次要求家人了，但是马恒昌就是要通过这样一个正式的形式，督促家人永远记住"咱们是工人，路得靠自己走"的家训。

马恒昌的大女儿春霞留在乡下，丈夫和子女都是农民，困难时期曾想着求父亲帮忙找份工作，马恒昌拒绝了。四女儿春香作为知识青年上山下乡，在农村劳动了8年，身边的人都走光了，父亲也没有把她调回来。小女儿春梅身体不好，高中毕业待业在家，一待就是四五年，他从未想过通过关系给她找份工作，反而鼓励女儿说："你可不要指望爸爸厚着脸皮求人给你安排工作，自己的路还得自己走"。

马恒昌一生克己奉公，廉洁自律。他一辈子坚持"四不"：不吸烟、不饮酒、不吃请、不请吃。去世时，唯一像样的衣服就是参加全国人大常委会时穿的、一穿就是十几年的呢子大衣，家里像样的家具也只有一张旧三屉桌、一对木箱和两把板椅。几十年过去了，"咱们是工人，路得靠自己走"这句家训成了马家人最宝贵的精神财富。马恒昌的长子马春忠总是语重心长地告诫弟妹子侄："我不期望谁能再做出父亲那样的贡献。但是我有一点要求，就是谁也不许往爸爸脸上抹黑，这是能够做到的，也是必须做到的。"如今，马恒昌的孙子马兵正接过爷爷的接力棒，成为一名一线技术工人，并光荣地担任马恒昌小组的第 18 任组长。同样是全国劳动模范的马兵，永远记住爷爷马恒昌的话："咱们是工人，路得靠自己走。"

（王永魁　撰稿）

王进喜：一条铁的家规

石油工人王进喜"宁肯少活20年，拼命也要拿下大油田"，以天不怕、地不怕的拼搏奉献精神赢得了"铁人"的称号。"铁人"王进喜也给自己家人制定过一条铁的家规，那就是："公家的东西一分也不能沾。"

王进喜的父亲早逝，他与母亲、妻子、弟弟、妹妹、儿子、女儿一大家10口人生活在一起。为了维持全家生计，精打细算过日子，王进喜让母亲来管账。老太太是勤俭持家能手，钱到了她手里，钉是钉铆是铆，常常一分钱掰成两半花。像王进喜这样的"困难户"，每月按规定可以享受工会30元的"长期补助"，可是他从来没有领过。为了节衣缩食，王进喜勒紧裤腰带，养成了极其简朴的生活习惯。他抽最便宜的旱烟，从不喝酒，下井只带一把炒熟的玉米面。一套工作服常年不离身，破了补，补了破，就连1964年12月26日参加毛泽东主席的生日宴，他穿的都是带补丁的衣服。

王进喜当了钻井指挥部生产队大队长后，手中开始掌握了一定的权力，找他办事的人多了起来。他觉察后，就和母亲商量，并郑重地向全家宣布了一条家规："公家的东西一分也不能沾。有谁送东西一样也不能收。"后勤部门曾趁王进喜不在家把一袋面粉送到他家里，王进喜回来知道后，把妻子王兰英训了一顿，叫她立即送回去，并再次告诉全家，谁送东西也不准收。

有一次王进喜家搬家，来帮忙的工人们发现他们家的炕席破得无法再铺，就商量着去取几张队上搭棚子用剩的席子。当时王进喜不在家，王兰英赶忙拦住他们说："进喜说过，公家的东西不能往家里拿。"工人们只好作罢。那时候，床上的草垫子都是单位发的，不用花钱。工人们就说，席子不让换，草垫子总可以领几个吧！谁知又被王进喜的母亲给拒绝了。就这样，王进喜新家的炕上依然铺着大洞套小洞的破席子，垫着苇草旧垫子。

王进喜患有严重的关节炎。上级为了照顾他，给他配了一台威利斯小吉普车。王进喜自己很少用这辆车，却常常用它来给井队送料、送粮、送菜、拉职工看病、送工人回家。队友们总是笑着说："铁人坐车出门从不空手，只要见路边有钻井工人就拣上。"可是，就这样一辆工人可以坐、队里可以用的"公用车"，王进喜唯独不让家里人坐。有一次，他的母亲生病了。王进喜最孝顺母亲，但还是狠了狠心，让自己的大儿子用自行车驮着老太太去卫生所看病。老太太住院期间，单位送来的糕点她一块都不动，反复地说："进喜说过，公家的东西一分也不能沾。"

在王进喜看来，"不沾公家的东西"不仅指不拿公家的东西，还包括不对家人搞特殊的照顾。王进喜的妻子王兰英，1956年就是玉门油矿的长期临时工。1960年来大庆后，与她情况类似的长期临时工都转成了正式职工，王进喜唯独没去给她办。她一直是家属身份，在队里烧锅炉、喂猪。有人看到王兰英身体不好，想把她安排到缝纫组、理发室或者浴室，找个轻松点的活儿干。王进喜拒绝了，他说："喂猪很重要，她能干好就不错了，不用调岗位。"后来，指挥部一位科长找到王进喜说："大嫂身体不好，要劳动总得找个合适的活儿，咋能喂猪呢？"王进喜却说："你可别小看这喂猪，现在是困难时期，你大嫂喂好猪，咱们多吃肉，这有多重要，多光荣！"

　　1970年国庆节后，47岁的王进喜因罹患胃癌，病情极度恶化，常常处于昏迷状态。一次在他清醒的时候，王进喜用颤抖的手从枕头下面取出一个小纸包，交给看望他的一位领导。纸包里面是王进喜住院后各级组织补助给他的500元钱，还有一张他亲笔记下的账单，上面写着："住院期间领导和同志们给我送来的钱，请交给组织。我不困难。"直到生命的最后一刻，这位"老老实实地为党和人民当一辈子老黄牛"的铁人，依然信守着他那条"铁的家规"。

（王永魁　撰稿）

孔繁森：
勿以恶小而为之

孔繁森酷爱读书，在他的案头常摆着一部西晋陈寿所著的《三国志》，其中有一句话被他用钢笔深深地划了一道线，那就是著名的"勿以恶小而为之"。这句话，既是他的座右铭，也是他给家人留下的好家风。

1975年，孔繁森任聊城地委宣传部副部长。这一年的冬天，聊城长途汽车站管宣传的工作人员李保林正在进行安全检查，正好碰见了准备回堂邑探亲的孔繁森。因为工作关系，二人早就是熟人了。

李保林看到孔繁森正准备上车，就埋怨说："老孔，你怎么又自己排队买票，你打个电话，我给你留一张嘛，省得你大冷天还跑过来买票。"

孔繁森笑着说："我自己回家看老人，又不是出门办公事，怎么能搞特殊呢。"

正说着，车上传来一阵哭声。原来是一位老人要到邯郸去看儿子，没想到把车票弄丢了，要买票已经来不及了。孔繁森听到，立刻把自己的位置让给老人，还帮老人补了从堂邑到邯郸的车票，自己却下了车。

孔繁森不仅对自己严格要求，对亲戚和子女也是一样。

1981年，孔繁森从西藏回到山东，担任了莘县县委副书记。他刚开始工作没多久，就有一位老家亲戚找上门来，想让孔繁森给批个条子，从公家的木材仓库里拿出半方平价木材，准备给新婚的儿子打点家具。

孔繁森听后，思考了一下，十分认真地对来人说："不是我不帮忙，只是这木材都是国家计划内的，我虽然是县委副书记，但是我也没权力随便去动公家的东西啊。"

亲戚听了有点不高兴："繁森，你现在好歹也是一个副书记，这点事都办不了？"说完，气呼呼地坐下了。

孔繁森一边示意来人喝水，一边诚恳地对他说："不是我办不了，而是我不能办。正因为我随便写个条子就可以弄出木材，所以我才不能写。当共产党的官，好事一定要带头去做，违反纪律的事一定不能做。"

说完，孔繁森从兜里掏出了300元钱塞过去："亲戚结婚，我也不能没什么表示，这300块你拿着，算是我的贺礼了，不够的话打个电话过来。但批木材这事我真不能办，谁让我是一个共产党员呢。"

孔繁森的儿子孔杰还记得一件事：有一年，为了监督儿子孔杰好好读书，孔繁森把儿子从老家聊城接到了莘县，放在了自己的身边读书。

有一次，孔繁森工作之余准备检查孔杰的作业，当孔杰把作业本递过来的时候，孔繁森发现本子上写着"工作记录"四个字。

他立即严厉地问道："这本子你从哪里弄来的？"

"是财务室的会计送给我的。"

听到这里，孔繁森十分严肃地对孔杰说："公家的东西我们一分都不能沾，如果从小就占公家的便宜，长大恐怕是要当贪污犯的呀！你没有笔记本，我给你买，以后不许你再拿单位的笔记本、铅笔什么的！"

孔繁森担任领导干部期间，经手的项目钱款数以百万计，但是他从未私自动过一分钱。他的侄子结婚想找他买凭票供应的自行车，亲戚找他买平价化肥，外甥复员回乡找他安排工作……他一件事都没答应过。

他有很多亲戚在农村，可是他没有利用权力给任何一个人办过任何违反规定的事情。就连爱人的工作，他也没有利用权力去关照。

孔繁森的爱人根据政策进城后，先安排在粮店，后来又进了印刷厂当工人，天天和污染极大的油墨、铅粉打交道。可是直到孔繁森去世，他的妻子也没有调动工作。

孔繁森用他的实际行动，践行了"勿以恶小而为之"的座右铭，更是为家中带去了这一值得传承的好家风。正如孔繁森所说的那样："我们共产党员应该廉洁自律，拒腐蚀，我们应该像冰山雪莲一样高洁、纯贞、壮美！"

（吕春阳　撰稿）

甘祖昌：
唯一的遗产只有三枚军功章

甘祖昌，曾经南征北战，为中华人民共和国建立立下过赫赫战功。1955年被授予少将军衔。1957年，他主动放弃了新疆军区后勤部部长的职务，带着全家回到家乡江西省莲花县洋桥乡务农。

上个世纪50年代的农村生活极为艰苦。回乡之初，甘祖昌对弟弟们说："我既然是回来当农民的，就要像农民一样生活和劳动。眼下农村还很穷很苦，要摆脱贫困首先要靠我们自己。现在的房子是你们几位兄弟在乡亲们的帮助下重修的，我没怎么帮助你们，以后就有福同享有苦同当吧。"说完，甘祖昌进行了家庭分工，由大弟管家，妻子和弟媳们轮流做饭。

勤俭节约、艰苦奋斗是甘祖昌对自己和家人的一贯要求。有一次甘祖昌穿着打补丁的衣服和老战友一起开会。有人就和他开玩笑："老甘，你一个将军，穿打补丁的衣服不觉得寒碜？"甘祖昌笑着说："现在老百姓还都很穷，等他们都富裕了，我再穿打补丁的衣服，那才叫寒碜呢。我们共产党人，要时刻和老百姓同甘共苦，穿衣吃饭都不能超越他们，否则老百姓就会疏远你。"甘祖昌的一条毛裤补丁摞补丁，尤其是屁股和膝盖部分，补的全是五颜六色的布。当甘祖昌的妻子龚全珍把它洗了拿出去晒的时候，村里人见了都哈哈大笑，打趣他说："怪不得甘将军能逢凶化吉呢，原来他穿着'八卦裤'呀！"

甘祖昌严格要求子女，从小就要他们打赤脚，干捡粪、割草、放牛等农活。他根据孩子们年龄的大小，规定了每人每天的工作量，一星期检查一次，完成好的表扬，完成差的则要受到批评。对于孩子们穿衣和穿鞋，他要求一件衣服穿三年，一双袜子穿一年，穿小了的往下传，破了的不准丢掉。有一次，三女儿甘公荣穿了一双破了洞的鞋子去上学，被一个同学耻笑："哎呀，人都说你爸爸是当大官的，是部长、将军，怎这么寒酸。"受了气的甘公荣回家后就把鞋子脱掉丢在门旮旯里，并向甘祖昌诉苦说："我的同学说，破了洞的鞋子她们作田人家的孩子都不穿，我还穿，真羞死人了！"甘祖昌赶忙找来丢掉的鞋子，戴着老花镜，一针一线地补着破洞，边补边对女儿说："孩子，你同学说的不对，穿破鞋不丢人，贪图享受才不好。如今革命胜利了，可任务还没有完成，我们还要建设社会主义。你是少先队员，是革命的接班人，应该从小就养成艰苦奋斗的好习惯，破衣服破鞋子不能丢掉，补好了照样可以穿。"

搞特殊在甘祖昌看来是绝对不允许的。他经常教育孩子们要有革命后代的责任感，而不能有干部子女的优越感。他说："我们共产党人不搞一人做官、鸡犬升天那一套。"甘祖昌的大儿子锦荣因身体瘦弱，在家乡干篾匠活上山砍竹子吃力，在甘祖昌母亲的要求下找到新疆，可当甘祖昌得知儿子在家乡会打铁时，就毫不犹豫地将其安排到了打铁厂干锻工。返乡时，又毅然决定带着当时可以继续留在新疆工作的甘锦荣夫妇一同回到农村。大女儿平荣在吉安卫校学习期间，听说部队来招兵，她正好符合条件，便写信回家请父亲为她说话，帮助她入伍，结果等来的却是甘祖昌的一顿批评。二女儿仁荣在生产队当妇女主任，由于劳动积极，肯吃苦，一开始被大队推荐上大学。但甘祖昌听说有位家庭困难的退伍兵也想去上大学后,立即给县里打了电话,把二女儿的名字换成了退伍兵的名字。他最宠爱的三女儿公荣初中毕业后,本可以推荐上高中,但甘祖昌考虑到推荐名额有限,硬是做通了她的思想工作,让她回乡务农。1976年妻子龚全珍从教育工作岗位上离休,按规定可以由一个子女顶职。甘祖昌坚决反对,认为子女长大应自谋出路而不能躺在父母的功劳簿上吃老本。就这样,小女儿吉荣也没能去学校"顶班"。

甘祖昌回乡29年的时间里为了给乡亲们修电站、建学校、办企业、购化肥、添机械、救济贫困户等等,花光了他全部收入的70%以上。而当他1986年离世时,留给妻子和儿女的唯一遗产是一只铁盒子,里面用红布包着3枚军功章。

(单劲松　撰稿)

龙梅和玉荣：
集体主义精神永不褪色

"草原英雄小姐妹"龙梅和玉荣，为了保护集体的羊群，与罕见的暴风雪搏斗了一天一夜。300多只羊保住了，而11岁的龙梅和9岁的玉荣却身受重伤。龙梅失去了左脚拇趾，玉荣右腿膝关节以下和左腿踝关节以下被截肢。那个寒冷的夜晚支撑她们用生命创造奇迹的，就是一个朴素的信念："集体的羊一只也不能少。"

很多年过去了，龙梅和玉荣的孩子们不止一次地问她们："为了一群羊，险些付出生命的代价，最终落下了终身残疾，值吗？"龙梅对女儿说："值。那时候我的阿爸常对我们说，羊是集体的财产，公社的羊就是我们的命根子。"玉荣对女儿说："如果你们在那个年代，你们也会这么做。那个年代，这群羊是国家十分宝贵的财富，是集体的财产。作为一个人，不能光顾为自己活着。"

龙梅和玉荣在党和国家的关怀下勤恳工作，成长进步，常怀感恩。她们告诫孩子们要格外珍惜荣誉，努力回报集体。龙梅曾和孩子们分享过她所熟知的一个普通牧民的故事："20世纪60年代，我家附近的一个大队有一位牧民，在放羊时遇到了暴风雪，也是一天一夜才被救。后来那个牧民十个手指都冻掉了，两条腿也被截肢。他也是为了保护集体的羊,他也是英雄,可是人们都不知道他。而相比之下,我们成为了时代的英雄,只是我们幸运罢了。"她告诉孩子们,草原上像这样大公无私、善良英勇的牧民还有很多很多,人活在世上,不能只为自己而活着,要多想想国家、集体,多想想他人。只有大家都好了,个人才能幸福。

玉荣也从不在女儿面前夸耀自己当年的英雄壮举。她常对女儿说:"英雄也是普通人,英雄只是在人民需要的时候做了自己该做的事。'草原英雄小姐妹'是党和人民给予我们的至高荣誉。如果躺在功劳簿上吃老本,就会停滞不前。只有不断努力,一辈子做有利于党和人民的事儿,才配称得上英雄。"玉荣用"清清白白做人,踏踏实实做事"12个字总结自己为国家、为集体奋斗的几十年。她希望女儿也能像自己一样,永远做一个集体主义者。她经常对女儿说:"你们现在条件好了,更应该严格要求自己。在政治思想上应该像'烈士'一样,在工作上应该像'英雄模范'一样,在生活上应该像'贫苦的人们'一样,这样心里会很坦然、很平衡。"

退休以后的龙梅和玉荣依然忙碌着,她们以公益形象大使的身份四处奔波,向全国各族青少年进行爱国主义、集体主义和革命传统教育,这已成为她们的终生事业。她们相信,集体主义精神在任何时代、任何地方都不过时。她们还给今天的集体主义精神赋予了新的涵义:"集体主义精神就是在日常工作中,多考虑他人少考虑自己,融洽同事之间的关系;减除个人浮躁的心理,踏实工作;工作、生活中多些礼让,多些谦逊,就会减少矛盾冲突,工作生活环境就会和谐。"

(徐嘉 撰稿)

申纪兰：
忠孝两双全

常言道："自古忠孝难两全"。然而，全国劳动模范、66年间连任十三届全国人大代表的申纪兰，却能集忠孝于一身。她既是埋头苦干为人民谋利益的好干部，又是几十年如一日孝敬婆婆的好儿媳。她用忠孝两双全为子女树立了榜样，赢得了人们的尊敬。

1946年，年仅17岁的申纪兰嫁到了山西省平顺县西沟村，从那时起直到1999年婆婆去世，在半个多世纪的共同生活中，她始终体贴孝顺，无微不至地悉心照料婆婆。

申纪兰结婚不久，丈夫张海亮便当兵到了刘邓的中原野战军，转战大江南北，后又入朝作战，一走就是10年。申纪兰常年为了村里的事奔忙，婆婆含辛茹苦照料孙辈，独自承担了全部的家务，在工作上给了她最大的支持。申纪兰看在眼里，记在心上，只要一回到家就抢着做饭、洗衣、收拾房间。

申纪兰的公公病重时，她的丈夫当时在外地工作，她守在床前，喂水喂药，尽心尽孝。公公去世后，为了不让婆婆感到孤独，申纪兰就和婆婆睡到了一个炕上。20世纪80年代，婆婆患上了严重的眼疾，申纪兰陪她四处就医，却依然没有办法治好。后来，80岁的婆婆失明了。

考虑到申纪兰工作繁忙，小叔子主动提出要把母亲接过去伺候，可婆婆却愿意与申纪兰一同生活。她问申纪兰："纪兰呀，你是不是觉得我眼瞎了，就不想要我了？"听到婆婆这么说，申纪兰赶紧宽慰老人："娘，我可没敢这么想！只要你愿意，我就伺候你到老，咱哪儿都不去了！"

此后的十几年中，申纪兰始终不忘自己的承诺。每日清晨，她早早起床，从离家半里地外的井上挑水，扫地做饭，收拾屋子。等婆婆醒了，申纪兰帮她穿衣穿鞋，洗脸梳头，扶她上厕所，陪她吃早饭。婆婆一辈子喜欢干净，申纪兰每隔几天就要给老人擦洗身子、换洗衣物。为了让婆婆在自己外出工作时能方便、安全地上厕所，申纪兰特意请木匠师傅专门为老人做了一个"厕椅"，就是在椅面上开一个大口子，下面放上粪桶。从此以后，申纪兰每天回家第一件事就是先把粪桶倒干净。

申纪兰从来不讲究吃穿，生活极其简朴。她一件衣服能穿十几年，一锅面疙瘩能吃好几顿。可是对于婆婆的一天三顿饭，她从来不马虎凑合，总是变着法儿地做各种口味。她自己多年吃素不沾荤腥，却总惦记着去县城买肉给婆婆改善伙食。婆婆爱吃甜食，每次外出申纪兰都会记得带一些回来。早些年，婆婆身体还行，她就把买回来的零食全放在炕边的窗台上，老人想吃伸手就能够到。后来，老人年纪越来越大，精神状态也越发不好，常常吃多了零食闹肚子。于是，申纪兰就只在每天晌午和傍晚将少量的零食放在窗台的盘子上，供婆婆解馋。

婆婆年纪大了，身边不能没有人。而申纪兰实在是太忙了，除了每年要到北京参加人代会，还要到省里、市里、县里参加各种会议。她总是惦记着婆婆，放心不下。如果是去县里开会，不管多晚，申纪兰都要赶回来，因为她知道，婆婆在等着她，只有她回来，婆婆才能睡着。出远门的时候，她就只能将婆婆送到妯娌家。老人腿脚利索的时候，申纪兰就一路搀扶着她，后来婆婆走不动了，申纪兰就一路背着她。而那时，申纪兰也已是年过花甲的老人了。

在申纪兰的悉心照料下，婆婆在 93 岁的高龄时去世，是当年西沟村年龄最大的老人。

曾有人问申纪兰："你工作那么忙，怎么还有精力照料个瞎老婆婆？把她送到亲闺女家，让闺女伺候，你不是还省下一份心？"申纪兰回答道："媳妇和闺女有什么区别？人活在世上应该以孝为先，对老的不孝，就意味着不爱这个家。我们常说国家兴旺，国和家是相连着的，一个人不爱家，就谈不上爱国，更谈不上爱党，这个家就不能红火兴旺。"申纪兰以自己的身体力行，诠释了爱国爱家、忠孝两全的人生追求。

（徐嘉　撰稿）

吕玉兰：
高风昭日月，亮节启后人

原河北省委书记吕玉兰，是邢台市临西县下堡寺镇东留善固村人。她年轻时也和村里的姐妹一样，是个普通的农村姑娘。在社会主义建设的热潮中，她脱颖而出，以战天斗地的拼搏奋斗精神成长为闻名全国的劳动模范和省委书记。她还曾当选为中共中央委员，受到毛泽东的亲切接见。

不管在什么岗位，无论在哪里工作，吕玉兰始终不改劳动人民艰苦朴素、勤俭节约的本色。1974年，她从县里调到省委工作，主动要求不享受相应的工资待遇，成了"挣工分加补贴"的省领导。那时，生产队每天给她记一个工分，省委每月发放40元生活补贴。因为工分只能年底一次性结算，组织上考虑到吕玉兰的实际家庭困难，提出每年再补助她200元，吕玉兰坚决不要。吕玉兰同新华社记者江山结婚后，两人加起来每月数十元的工资要负担全家七口人的衣食住行，生活十分拮据。有一年春节前，秘书冀平帮她领了省委给每位工农干部补贴的100元过节费，吕玉兰知道后硬是让他给退回去了。

为克服困难，吕玉兰动员丈夫和女儿开源节流，简朴度日。全家一年到头粗食淡饭，很少能见荤腥。家中十几年没添置一件家用电器，就连普通人家里都能见着的收音机也没有，看电视也只能去别人家里蹭。吕玉兰让两个女儿负责收集家中的旧物品和废纸等，攒多了统一拿去卖掉换钱。她带领全家，在小院的空地上开荒种菜，还养鸡以解决鸡蛋问题。有人称赞这是吕玉兰的农民情结，而丈夫江山则坦诚地说："其实我们家小院里种菜的最原始动力，是补贴家用，自己吃，以减少菜金支出。"

在女儿江华的记忆中，母亲从来不允许她们浪费一粒米，吃剩一口饭，从小一直穿亲戚家小姐姐的旧衣服和旧鞋袜。吕玉兰总是教育女儿要养成艰苦朴素的生活作风，做尊敬长辈，通情达理，不撒娇、不撒泼的好孩子。为了让女儿学会吃苦自强，吕玉兰曾带着她们不远千里奔赴山东拜访张海迪。

尽管生活艰苦，吕玉兰却严格要求自己和家人，不愿意沾国家、集体和他人一点光，更不允许搞特殊。吕玉兰当省委书记期间，主动放弃了省委分配的高干楼，住到省政府普通住宅楼里。她在省农业厅工作了8年，单位曾经3次分配新宿舍，可她从来不参加。家人觉得委屈，不理解，吕玉兰安慰他们说："农业厅宿舍紧张，咱们有省政府这套房子住，当领导的就不要与同志们争了。"后来在正定工作时，吕玉兰家住的是一间机关平房，又暗又潮湿，很多同志提出要给她换房子，她还是婉言谢绝了。

吕玉兰结婚后第一次回老家探亲，发现里屋炕上放着好几块用红纸包着的被面、布料。母亲告诉她，这是别人送给她结婚用的。没等母亲解释，吕玉兰便说道："娘，俺们家啥时候收过礼？还不赶快退回去！"见母亲有些迟疑，吕玉兰坚定地说："这是搞特殊的事儿嘛！都送回去！一件也不能留！"母亲赶紧退了礼物，此后家里人再也没有收过任何别人送的礼物。

还有一次，机关服务人员端了一盆水蜜桃来到吕玉兰家中，说："来蜜桃了，一家十斤，一毛五一斤。"孩子们立刻围了过来，馋得直流口水。吕玉兰看着又大又红的桃子，想了想说："我们家不要。"服务员知道吕玉兰家是出了名的生活拮据,便十分体谅地说:"暂时没有钱,以后给也行。"吕玉兰一听,连忙摆手说:"不给钱,那俺们更不敢吃了。"最后,她还是请服务员将水蜜桃原封不动地端走了。

那时,石家庄电视机厂刚试产彩电。他们听说省委书记家没有电视,就给吕玉兰送了一台免费"试看",吕玉兰坚决拒绝。后来,这台彩电被搬到省委办公厅会议室,供工作人员集体使用。

1993年,由于长期操劳成疾,年仅53岁的吕玉兰因病去世。她没有给家人留下任何财产,唯有那份历久弥深的劳动人民的本色。曾经和她一起工作过的习近平同志专门为她写下了情真意切的悼念文章,称赞她"高风昭日月,亮节启后人"。

(徐嘉　撰稿)

朱彦夫：
咱家绝不容许再有一个"特"字

朱彦夫，山东省沂源县西里镇张家泉村原党支部书记，"人民楷模"国家荣誉称号获得者。他历经淮海战役、渡江战役、抗美援朝等上百次战斗，在朝鲜战场上受伤致残，动过47次手术，失去四肢和左眼，成为蜷在床上的"肉轱辘"。这名10次负伤、3次荣立战功的特等残废军人，没有安享优抚，而是拖着重残之躯回到家乡，担任村支书25年，带领群众治山治水、脱贫致富，把一个贫穷落后的山村变成了山清水秀的富裕村。他身残志坚，用残肢抱笔，历时7年创作两部自传体长篇小说《极限人生》和《男儿无悔》，被誉为"中国的保尔·柯察金"。

朱彦夫的家教，在张家泉是出了名的严。朱彦夫为人公道、铁面无私，心里始终装着别人，却唯独没有自己。他不止一次对家人说："咱家有特等残废这一个'特'字就够了，绝不容许再有一个'特'字——特等公民！"儿女们说：有父亲在，谁也别想占集体的便宜。四女儿朱向欣6岁那年，跟奶奶到山上拔猪草。生产队的一位大婶瞧见了，随手掰了几个玉米棒，非要让小向欣尝个鲜。朱向欣清楚地记得，父亲当时发了脾气，逼着她把玉米送回去。"我觉得没偷没抢的，干吗要送回去啊，父亲的拐杖敲得当当响,说'集体的东西,谁也不能占便宜',我只好哭着把玉米送了回去。"

对自己的亲人,朱彦夫"无情"得近乎苛刻。打从跟了他,妻子陈希永就没享过福。上有老婆婆,下有六个孩子,加上照顾丈夫,她天天忙得团团转。朱彦夫当上支书后,陈希永的活儿更多了,但生产队里她几乎没缺过勤,就是怀孕期间也没落下。儿子朱向峰打小就看见,母亲没有闲的时候,干活吃了不少苦,推车时常常连人带车翻到一边。"后来才明白,不是父亲不心疼母亲,而是要给乡亲们一个交代,在乡亲们面前说话有底气。"

朱彦夫爱乡亲们胜过爱自家人,家人们对此理解并支持。有一年陈希永回老家探望老人,回来时捎了两大筐咸鱼。那个年代缺吃少喝,这样的美味难得见到,孩子们馋得直流口水。朱彦夫一看乐了:"快过中秋节了,村里啥都没有,正好把咸鱼分给大家过节。"他让妻子把咸鱼分成58份,留下一份给娘和孩子们尝尝鲜,其余57份给各家送去。送到最后却傻了眼:少算了一户。陈希永只好从家里那份中取出两条大的,送到了最后一户家里。那年中秋节,家家户户飘着鱼香,朱彦夫一家九口围着一条小鱼,谁都不舍得动筷子。

是铁汉,却也最柔情。孩子们开始不理解父亲,直到成家立业、为人父母后,才慢慢读懂父亲藏在心底的爱。1996年7月,在自传体小说《极限人生》出版的那天,朱彦夫在一本书的扉页上写下所有牺牲在朝鲜战场的战友名字,双膝跪地将其点燃,告慰战友们的在天之灵。他又把六个儿女召集到身边,在书上签上自己名字:"以前一心只顾村里事,对你们关心不够,连结婚都没有像样的东西。这本书算是爹给你们补的嫁妆吧!"

(刘贵军　撰稿)

许光：
弘扬红色家庭的优良家风

许光是许世友上将的长子。在父亲的教诲下，许光继承了许家"百善孝为先"的敬老孝亲家风，成为闻名全国的道德模范。

许世友的父亲去世早，兄妹七人由母亲拉扯大。无论什么时候，他心中始终挂念着饱经风霜、含辛茹苦的母亲。1949年开国大典后，母子重逢，当日思夜盼的母亲来到眼前时，许世友当着100多名部下，扑跪在母亲跟前，紧紧握住母亲的手。母亲说："快起来，一个大将军怎么能跪我一个老太婆！"许世友泣不成声："我当再大的官，还是娘的儿！"

1965年春，许世友的母亲已是95岁高龄，许世友因为重任在肩，无法回家照顾母亲，就把大儿子许光叫到跟前，说："你奶奶老了，没人照顾，你回去照顾吧。"

当时，许光已经从一名普通的解放军战士，成长为新中国第一批本科学历的海军军官、北海舰队首批舰艇长。他有大好的前程，但更理解父亲尽孝的心愿。

为了让父亲安心，许光毅然回到新县老家，做了一名普通的基层干部——县人武部参谋。工作之余，许光精心照顾祖母，让老人得享幸福晚年。半年后，奶奶辞世，许光却没有调回海军舰队。

因为他看到父亲战友的父母也需要照顾，毅然留在了贫困老区照顾他们。

多年里，经济并不宽裕的许光，还资助了红军后代100多人。他自己家中经常入不敷出，只好省吃俭用，洗得发白的军便装"新三年旧三年，缝缝补补又三年"，用实际行动践行了"老吾老以及人之老"的孝道。

作为许世友的儿子，许光替父亲担起了尽孝的责任。同时，也正因为是许世友的儿子，许光一生严格自律，没有向组织提任何特殊要求。他在家乡，始终以父亲为榜样，坚持无私奉献，严于律己，默默传承红色家风。

他的大儿子许道昆1978年高中毕业，恰逢许世友的老部队江苏省军区在新县招兵。当时，许光是县征兵领导小组负责人。因为许道昆不满18岁，他拒绝了儿子当兵的请求。许道昆直到第二年才应征入伍，还去了条件最艰苦的部队。

二儿子许道仓在部队当兵多年，复员前，给许光写信想安排好工作。许光说："我早就把高干子女帽子摘了，你们就不要再戴上了。"

大女儿许道江虽然在北京工作，但完全靠自强自立。高考时，她想让爷爷把她的户口迁到南京去，和父亲说起这件事时，许光想都没想就拒绝了，说你爷爷不会同意的。果真，爷爷许世友回信，让她"就在本地复习，考不上和老百姓的孩子一样到农村广大天地去劳动！"结果，她学习很拼，"没有任何照顾，考上了北京军医学院"。后来，又相继考上了硕士、博士，就更没有提爷爷许世友的名字了。

小女儿许道海从信阳师院毕业时，有机会到河南师范大学继续深造，也有机会留在信阳工作，但许光说："回新县有什么不好，新县教育正需要人呢。"就这样，许道海回老家做了一名普通教员。

2013年1月6日，许光因病去世。他数十年扎根基层无怨无悔，为家尽孝为国尽忠，"用平凡彰显伟大，用无私抒写忠诚"，弘扬了红色家庭的优良家风，被授予"全国道德模范"称号，为党员干部树立了可敬可学的榜样。

（张建军　撰稿）

麦贤得：
信仰不许丢，正气不许丢

集"人民英雄""钢铁战士""战斗英雄"等多个国家荣誉于一身的麦贤得，曾是一名普通的人民解放军战士。1965年，他20岁，在一场激烈的海战中，他头部中弹、脑浆溢出。在半昏迷状态下，麦贤得顽强坚持战斗3个小时，最终与战友们一同击沉了国民党军舰。虽然大难不死，但是麦贤得留下了严重的后遗症，他的语言能力和记忆力受到严重损害，右侧身体也一度完全瘫痪，严重的脑外伤引起癫痫病反复发作，生活不能自理。

这时，一位叫李玉枝的漂亮姑娘义无反顾地走进了麦贤得的生活，并许下了"一定要把英雄照顾好"的诺言。刚结婚时，面对麦贤得的伤病，李玉枝曾深深地感到日子"好难过"。相处久了，麦贤得的朴实善良和浩然正气总是让她感动：路口看见别人在挖水沟，他撸起裤管就去帮忙；邻居老太太拉煤回来遇上下雨，他拿木板一下搬20多块煤给送上6楼；逛菜市场，看到有不良商贩以次充好，他大声提醒买菜的不要上当；有年轻人骑单车横冲直撞，他一定会拦住他们好言提醒……晚年的李玉枝常常说："我就是奔着'正气'嫁给他的！"

从受伤后第一次手术算起，麦贤得吃下的药"有一火车皮那么多"。他身体状态的不断恢复，离不开李玉枝几十年如一日的奉献、照顾和护理。结婚后，为了给丈夫和孩子补充营养，李玉枝把前后院开辟成菜园，扎起了竹篱笆，养鸡、养鸽、养兔子，她要为丈夫创造"一个正常人的家庭"。麦贤得在李玉枝的鼓励下，重新练习发音吐字，学习用左手写字，强忍疼痛下地行走，克服困难坚持自己穿衣服、叠被子、喊口令、参加队列训练。

在与伤病做斗争的大半辈子里，麦贤得始终坚守着他的信仰和正气，并郑重地将这些人生信念教给了孩子们。当了43年海军的麦贤得对大海抱有深情，他给两个孩子起的名字中都带着"海"字，儿子麦海彬，女儿麦海珊。他从小就教育孩子们"要信马列、要听党话、要做好人、要有正气"，"要为党、为祖国、为人民"，"要学雷锋、做好事"，"要服从需要，不要稀稀拉拉的"。一些商家曾想拉着麦贤得做广告，他断然拒绝了。麦贤得对妻子和孩子们说："拿党和人民给予的荣誉去谋私利，这样的事我绝对不会去做！"

麦贤得既是孩子们人生路上的严厉导师，也是陪伴他们成长的慈爱父亲。儿子踢足球受伤了，麦贤得为他敷药按摩，鼓励他不怕困难、无畏挑战；女儿书包用旧了，麦贤得便悄悄和妻子一起买了新书包送给她，并叮嘱她努力学习知识本领，报效祖国。父亲英勇无畏的事迹和坚定正直的品格深深地影响着他们。一次，麦贤得认真地问孩子们："你们长大后想干什么？"儿子不假思索回答："当兵接爸爸的班！"女儿也答道："当一名护士，护理爸爸，也护理像爸爸一样的英雄。"麦贤得听了，高兴地笑了。

后来，两个孩子的愿望都实现了。麦海彬从海军后勤学院军需专业毕业，成为解放军驻香港部队舰艇大队的一名军官，曾荣立二等功，后转业至广东省质量技术监督局工作。负责执法工作的他，查处了不少大案要案，并多次被评为优秀共产党员。对于自己的工作信条，麦海彬曾表示："在办案过程中，经常会面对一些阻力及诱惑。但家有家规、国有国法，我始终记得父亲的教导，常告诫自己不能犯糊涂，否则不仅会毁了父亲的一世英名，更会败坏党的形象。"

麦海珊从海军高等医学专科学校护理专业毕业后，一直在部队的医院工作。她永远记住父亲的嘱托："谁在外面打父亲的旗号办不该办的事，不让进家门；谁在外面玩歪的搞邪的，不让进家门。这就是我们的家风——信仰不许丢、正气不许丢。"

（徐嘉　撰稿）

杨善洲：
给子孙后代一个清清白白的人生

杨善洲出身贫寒，历经磨难，他一辈子为人民办实事，办好事。他身居地委书记的高位，兢兢业业，勤勉为政，清正廉洁，对自己和家人要求严格。退休后，他毅然放弃了到省城安享晚年的机会，回到家乡保山市施甸县，扎根大山，带领当地百姓植树造林 5.6 万亩，并且将林场无偿捐给国家。杨善洲不仅给家乡人民留下了一片郁郁葱葱的森林，还留下了值得代代相传的好家风。

杨善洲常说："我手中有权力，但它是党和人民的，只能老老实实用来办公事。""老老实实做人，踏踏实实做事。我不图名，不图利，图的是老百姓说没白给我公粮吃。"

他是这么说的，也是这么做的。有一次，杨善洲的母亲病了，他急忙从工作地点赶回家，到家时已经是深夜，他服侍母亲喝了药躺下后，又要连夜赶回单位。当时正值雨季，外面下大雨，杨家的房子也在漏雨，而且家中竟然找不到一双雨鞋。为了不在湿滑泥泞的地上摔跤，杨善洲只能拿包谷壳包鞋。

面对妻子的埋怨，他恳切地对妻子说："家里的困难我都知道，再困难也要想办法度过。现在很多老百姓的日子还比较困难，我是共产党的干部，国家给了我另一个'饭碗'，那个碗里剩下的，只能还给国家，还给百姓，因为这是老百姓的血汗。一句话，我当这个官，是为大家当的，不是为家里人当的。我没有钱，你们要克服困难，漏雨了就买几个盆接一下。"

杨善洲退休后，依然保持着这种清正廉洁的本色。2002年，杨善洲的老伴生病，要去保山看病，可是大山里没有汽车，迫不得已借用了一次林场的公车。

刚回到林场，杨善洲立马找到林场会计，二话不说就拿出320元交给会计，说：

"我用了公家的车，我交油钱。"

会计说："老书记，就算包车也没有那么贵，从林场到保山哪里要得了320元油钱？再说您平时不乱花公家一分钱，这次我看就别交了。"

杨善洲急了，他说："我当地委书记的时候，办私事也是要给钱的。作为共产党员，凡事要讲原则，正人先正己，自己正了，才可以批评别人。"

会计不得已，才勉强收了这320元油钱。

后来，杨善洲在日记本里写道："我的家属子女坐林场配给我的车要付车费，为什么呢？购买车子是办公用的，不是接送家属子女的。不在领导岗位了，原则仍然要坚持。"

杨善洲坚决不允许家里人利用他的身份去搞特殊。1970年，杨善洲的妻子刚刚生下了三女儿，正在坐月子，可是家中没有粮食了，一家人只能靠野菜掺着杂粮勉强度日。

乡里知道了这个情况，急忙送去了30斤大米和30斤粮票，后来杨善洲知道了，责怪妻子说："我是共产党的干部，我们不能占公家一丝一毫的便宜，领导干部的家属更不能搞特殊！这大米和粮票要攒了还给公家。"后来过了大半年，杨家才攒够了这些大米和粮票，还给了乡里。

还有一次，妻子的妹妹家里要盖房子，想要从姐夫这里讨点木头，他坚决地拒绝了，要求他们去申请砍伐证，不料妻妹一家砍伐时不小心超出了批准范围，要罚款1500元。杨善洲二话不说让妻妹缴纳罚款，丝毫不通情面。

还有，当代课教师的小女儿想报考警察，想让他找找老下属、老同事关照一下，他硬是不打招呼，不走后门。

杨善洲表面上对自己家人严厉，其实这饱含了对家人深沉的爱。他知道，只有从自身做起，坚持原则，坚持党性，在家中涵养传承优良家风，才能给子孙后代一个清清白白的人生。

（吕春阳　撰稿）

时传祥：
不管时代怎么变，"宁肯一人脏，换来万家净"的精神不能变

"宁肯一人脏，换来万家净"，掏粪工人时传祥的吃苦、敬业和奉献精神感染了一代又一代的劳动者。他也将劳动最光荣的信念深深地扎根在孩子们的心中。

在父亲的影响下，时传祥的4个孩子都进入了环卫系统工作。老大时纯庭，曾是北京市使馆清洁运输处的工人；老二时俊英，曾在崇文区环卫局工作；老三时纯利，当过垃圾分拣工，也当过掏粪工人；老四时玉华，曾是第一清洁车辆厂的普通工人。无论什么时候，他们都始终牢记着父亲的教诲："不管时代怎么变，干活做人的道理不能变，'宁肯一人脏，换来万家净'的精神不能变。"

时纯利是时家孩子中第一个进入环卫行业工作的，也是时家的第二代劳动模范。从他懂事起，父亲就教育他，工作无贵贱，行业无尊卑。无论干什么都要干得比别人好，做得比别人多。他20岁出头就扛起铁锹，来到北京市使馆区清洁运输队，承担起100多个外国使馆的垃圾清理工作。他每天都要蹲在垃圾堆里，分拣不同的垃圾，常常一天要处理好几吨，甚至创造了苦干2天半清理200多吨垃圾的奇迹。对于这样一份平凡琐碎且又脏又累的

工作，时纯利兢兢业业，毫无怨言。

有一次，时纯利接到一个前往苏联大使馆的清掏任务。在整个工作过程中，哪里最脏、哪里最累，哪里就有他的身影。这一切感动了苏联大使馆的一位工作人员。他对时纯利说："我听说过时传祥的事迹，今天看到他的儿子在这个岗位上也是如此兢兢业业地工作，实在是了不起，同当年的时传祥一样。我在你们新一代的身上看到了时传祥的精神。"对此，时纯利只是诚恳地说："我不能不干好啊。父亲背着粪桶的身影就好像总是走在我的前面，我要是稍稍懈怠，就能看到父亲坚毅的眼神在鞭策我。我想我一定不能给父亲丢脸。"就这样，时纯利踏踏实实，任劳任怨，在一线环卫工人的岗位上一干就是26年。1989年时纯利被评为"北京市劳动模范"，1990年荣获国家五一劳动奖章。

时传祥的孙女时新春是时家的第三代劳动模范。1999年，37岁的时新春转岗，成为山东省胜利油田滨南社区胜滨环卫绿化队的一名普通职工，职责包括4000多户的小区楼道、8个公厕、20多个垃圾收集点的清洁工作。上班的第一天，同队的年轻女孩觉得不好意思怕丢人，戴上大口罩和大墨镜，等天色晚了才悄悄出来清扫。而始终牢记祖辈和父辈教诲的时新春却说："怕什么，三百六十行，哪行都得有人做。"她立志要像爷爷和叔叔姑姑们一样，哪怕是打扫一条村里的小路，都要任劳任怨，一丝不苟，一辈子踏踏实实做事，尽职尽责工作，用自己勤劳的双手为人民服务。

没有多少文化的时传祥，期盼着用科学和技术来促进环卫事业的发展，希望将来有一天环卫工人能放下扫帚和粪桶，实现清扫清运的机械化，不再那么辛苦。他常常教导子女要努力学习文化知识，提高自身科学素养，以适应新的时代对环卫工人提出的新要求。他说："我不识字，只知道埋头干活，以后的清洁工得有文化啊。"儿子时纯利在40多岁时终于拿到了硕士学位，而孙女时新春也一直致力于通过技术革新，改进工作方式，提高工作效能。2005年，时新春获得了五一劳动奖章和"全国劳动模范"的称号。与时家的前两枚奖章相比，时新春的这第三枚奖章有着更多适应时代要求的科技含量。

回顾与粪便、垃圾、脏水打交道的几十年，时家的后人们从来没有后悔过。他们永远不会忘记时传祥在弥留之际的嘱托："我掏了一辈子大粪，旧社会被人看不起，但我对掏粪是有感情的。我向主席汇报工作时说，各行各业都需要有人接班，我唯一的一个愿望是你们接好我的班，这个班不是我个人的班，这是党和国家的班！"

（徐嘉　撰稿）

吴运铎：
以"别人不知道我爸爸是谁"为荣

　　吴运铎是新中国兵器工业的开拓者，曾被誉为"中国保尔"，他的自传体小说《把一切献给党》曾经风靡全国，鼓舞了一代又一代青年人。尽管头顶英雄、模范、名人的种种光环，吴运铎却教育子女一辈子要以"别人不知道我爸爸是谁"为自己最大的光荣。

　　"捧着一颗心来，不带半根草去。"这是置个人生死于度外的吴运铎始终信奉的人生信条。20世纪50年代后期，周恩来同志曾指示给身体不便的吴运铎调拨一辆小轿车，有关同志选了一辆英国制的高级轿车，吴运铎坚持换成便宜车。车配好后，他也坚持只在必要时使用，平日上下班都是挤公共汽车。他腿上受过重伤，视力也很差，家人看在眼里，疼在心上，他自己却笑着说，坐不坐专车是个小事，丢了勤俭节约的老传统可是大事情。他身为高干，却一直住在普通病房里。医护人员劝他转到条件好的干部病房，他坚决不同意："我参加革命，并不是把自己存在银行里，打算捞一笔优厚的利息。"老伴陆平摔伤了，无法照顾他，有同志建议请组织安排人员来护理他，吴运铎严词拒绝：尽量不为自己的事给组织上添麻烦，这算是我唯一的贡献了。

　　吴运铎还将这些信念潜移默化地传给了下一代。他深深地爱着孩子，对子女们充满了期待。攻克、卓越以及荣誉、勤劳、健康，这些美好而激励人奋发的字眼，吴运铎悉数写进孩子的名字里。他会在儿童节或是出差回来时，用心地给孩子们准备特别的礼物。只要礼拜天有时间，他一定会带孩子们去玉渊潭、动物园、紫竹院，有时候还去颐和园和北海。他希望孩子们做到"三好"，学习好，身体好，品行好。他非常重视孩子们的体育锻炼，要求他们从小学开始暑假学习游泳，寒假学习滑冰。1958年大女儿作为少先队员代表参加人民英雄纪念碑揭幕仪式，1977年二儿子考上北师大中文系，等等，这些都被吴运铎视为荣耀，久久回味。

吴运铎对孩子的爱绝不是无条件的溺爱，他希望孩子们凭借自己的努力成长成才，而千万不能躺在上一代的功劳簿上。他对小女儿说："不要对别人讲你是吴运铎的孩子。"女儿将父亲的教诲牢记心中，一起共事多年的同事竟然都不知道她的父亲就是"中国的保尔"。儿子吴小勤17岁当知青离开北京，后被分配到山东淄博砂轮厂当工人、技术员，从此扎根山东，在那里安家、结婚、生子。吴运铎从未想过把自己"看不到，摸不着，牵肠挂肚20多年"的小儿子调回北京，吴小勤也从未向父亲开口提出半点要求。对于父亲，吴小勤从小就明白一个道理："他是他，我是我。"

在吴小勤的记忆里，离家22年，父亲从未起身送别过。而每次离家仅三四天后，一准就能收到父亲充满牵挂的家书。实际上，当他拎着大包小包的行李前脚刚走出家门，父亲就开始伏案给他写信了。那年，吴小勤领着未婚妻回北京结婚，临行前收到了父亲的来信："花盆不要买了，我健康情况无力再养花，在这辞世之年，默默地为'四化'尽点力，搞点传帮带，写两本书，我也就死而无憾了。希望你和丽华早点来京，家里正在为你们布置房子，把两张单人床拼起来，临时简单布置一下，反正你俩也住不久。你们的喜事要新办，以节省为主。需要购置的东西，当然是必要的。若钱不够，婚后亦可逐渐添置。请代我和你妈，祝丽华一家幸福健康。"

　　晚年的吴运铎，每逢有人问起子女的情况，总是一副欣欣然的样子。"孩子们都争气"，这是他最大的安慰。吴运铎曾经这样总结过他的"育儿经"："子女不是个人的私有财产，他们都是党的儿女，今后的路由他们自己闯。做父母的不能一天到晚絮絮叨叨芝麻绿豆大的事，而忽略了孩子的品德教育。孩子们的理想、道德问题是大节问题。在教育方法上务必有爱心、细心、耐心，以表扬为主，经常勉励他们向前看，向先进人物看，向远看。"

（王永魁　撰稿）

谷文昌：
"活着因公使用，死后还给国家"

1950年，谷文昌随解放军南下至福建省东山县，曾先后担任城关区委书记、县委组织部长、县长、县委书记等职。

那时候，为了方便工作，县里专门为他配备了一辆自行车。谷文昌骑着这辆自行车整日穿梭在东山县的大街小巷和乡村公路上。一次，谷文昌忘记锁车，自家的孩子们终于得到了一次偷骑的机会。谷文昌发现后，严厉地批评道："谁叫你们用这自行车？这是公家的车，你们没有权利使用！"孩子们倍觉委屈，大女儿谷哲惠更是顶撞了他一句："不就一辆破车，有啥了不起！"谷文昌听了大发雷霆，把哲惠叫到跟前狠狠地训斥了一顿。挨了骂的哲惠哭成了一个小泪人。看着孩子委屈的面容，谷文昌仍然坚持说："这车是公家的，你们是不能占用的。你们不许沾公家一点油。"他还安慰哲惠说："等爸爸有钱了，就给你买一辆。"从此，孩子们再也没有动过这辆自行车。

作为县委书记的孩子，谷文昌的儿女们"没有享受到半点好处"。1962年东山县的高考落榜生，绝大多数安排了工作。谷哲惠也未考上大学，却仅被安排为临时工。女儿想不通，谷文昌开导她说："总不能自己安排自己吧！年轻人应该多锻炼锻炼。"就这样，哲惠高中毕业后成为县财政局6名临时工中的一名。1964年，当谷文昌调离东山时，有人向他建议将哲惠转正并一起调到福州去。谷文昌严词拒绝，他说："省里调的是我，没有调女儿，给她转什么正？"一直到1979年，这个能吃苦、肯干活、早就符合转正条件的姑娘靠着自己的努力才成为了一名正式职工。

1976年，小儿子谷豫东高中毕业，他最大的愿望是到工厂当一名工人。当时谷文昌夫妇已是花甲之年，按照政策可以留一个子女在身边工作。当谷豫东向时任地区革委会副主任的谷文昌提出这个要求时，谷文昌沉默良久，最终还是动员孩子上山下乡。他说："我是领导干部，不能向组织开口给自己孩子安排工作，不然以后工作怎么做呢？"谷豫东无奈之下，提出请父亲打个招呼把自己安排到东山县当知青，好有个照应。没想到这样一个微小的愿望，谷文昌还是坚决反对。他说，到了东山，人家都知道你是谷文昌的儿子，都会想办法照顾你，那你就得不到应有的锻炼。最后，谷豫东被安排到南靖县偏远的山村落户当知青。

谷文昌大半辈子与林业打交道，亲手种下了无数棵树，但却从不沾公家一寸木材。很长时间，他的家里竟然没有一张吃饭的餐桌。每到吃饭的时候，他们全家就是在县政府大院宿舍露天的石桌上凑合。遇到下雨，全家人只能端着碗站在屋檐下吃饭。二女儿结婚时，想找谷文昌批点木材做家具，他拒绝了："我管林业，如果我做一张桌子，下面就会做几十张、几百张，我犯小错误，下面就会犯大错误。当领导的要先把自己的手洗净，把自己的腰杆挺直！"

谷文昌常常教育家属子女："要看看老百姓穿的是什么，吃的是什么，不能一饱忘百饥啊！"他对妻子史英萍的要求一样近乎"苛刻"。史英萍是南下干部，解放初期即任东山县民政科科长，1952年定为行政18级。直到上世纪90年代初，她的工资才自然调整到17级。调一级工资用了30余年！每次史英萍有提职、提级的机会，谷文昌就对组织上说："我们两人工资加起来还是可以的，调薪名额应留给比老史工资低的同志。"对此，史英萍无怨无悔。退休后，她从自己微薄的工资中挤出钱来，先后资助了近20名特困学生。为了省钱，她把补身体的牛奶都退掉了，但钱仍然不够用。为此，史英萍捎话给几个子女，希望子女们能每个月赞助一些。在母亲的倡议下，几个兄弟姐妹从不多的收入中挤一挤，跟母亲一道资助困难学生从未间断。

谷文昌去世后，家人拆除了家中因公装的电话，并将自行车上交党组织。史英萍解释道："这是老谷交代的，活着因公使用，死后还给国家。"

（单劲松　撰稿）

沈浩：
"我做事要坚持原则"

安徽省凤阳县小岗村党支部书记沈浩的办公桌上一直放着一张相框，相框里是女儿沈王一的照片。照片的背面，写着一行字："爸爸我爱你，你可不能做贪官。"这是沈浩临到小岗赴任前，女儿送给他的寄语。这张照片和这句寄语，一直陪着沈浩在小岗工作，直到生命的尽头。而沈浩也用他的行动，证明了自己没有辜负女儿殷切的期望，没有辜负自己给家人树立的做事要坚持原则的好家风。

2004年，经过组织选派，沈浩从省财政厅来到小岗村担任党支部书记。刚到小岗村，沈浩就遇到了一件麻烦事。村民严学昌承包了一辆客车，一直跑着从小岗村到凤阳县城的路。村民们想要出村办事，都得坐这辆车。如果要想上省城合肥办事，还要从凤阳县城转一趟车，特别不方便。

严学昌就试探性地找到了沈浩，想让省里来的沈书记想想办法，看看能不能开通一条从小岗村直接到合肥的客运线路。

沈浩听了，觉得这是一件好事，于是就答应下来。从2006年1月开始，经过整整一年的努力，跑了十几个部门，终于把这条线路跑下来了。

2006年12月，小岗村到合肥的客运线路终于开通了。这让严学昌大喜过望，同时沈浩还给严学昌10万块钱低息贷款买车，帮助他解决了后顾之忧。

沈浩为跑严学昌的班车线路，没喝他一口水，没吃他一顿饭，严学昌很过意不去。

一天晚上，严学昌带了几条烟来到沈浩的住处，想感谢一下沈书记的情分，不料想却被沈浩坚决地退回来了。后来他又给沈浩带了几瓶酒，沈浩也不收。烟酒不收，那送点土特产总行吧，不想还是被挡回来了。沈浩恳切地对严学昌说："老严，你不用谢我，你把车开好，把客人服务好，从省城多拉一点到小岗村的客人，我还要谢你呢。"就这样，沈浩拒绝了严学昌的"三次谢礼"。

沈浩做事坚持原则，不仅对自己要求严格，对家人也是一样。

有一年的春节，沈浩一家正在其乐融融地吃着团圆饭。当大家正喝得高兴的时候，一个亲戚举着酒杯站起来给沈浩敬酒："哥，我敬您一杯！听说你们小岗要上不少大项目，能不能介绍点工程给我？"

沈浩刚站起来准备喝酒，听到这句话，立刻严肃地说："这可不行，我要是把工程都让自家人承包，那不就是以权谋私了吗？"

亲戚有点不高兴了，"哥，工程包给谁不一样啊，近水楼台先得月，肥水不流外人田，很多人都这么干，你不如就包给我，好处少不了你的。"

沈浩坚决地摇了摇头。他说："小岗要上的项目是不少，可我要是把工程包给了自己人，今后的工作怎么开展？别人怎么做我管不了，但我做事要坚持原则。"

一顿年夜饭，就这样不欢而散。妻子埋怨他："好端端的一顿团圆饭，全让你一个人给搅了。"沈浩没有说话，但是露出了坚定的神色。因为他知道，作为一名共产党员，如果自己为亲戚开后门，以权谋私，连家人都管不好，还怎么发挥党员先锋模范作用，还怎么带领小岗村民走上致富路？古人有云："其身正，不令而行；其身不正，虽令不从"，而这，正是沈浩坚守底线，绝不徇私最好的写照。

　　沈浩的坚守，最终换来了家人的理解。他传承着的这种"一片丹心、两袖清风"的家风，潜移默化地影响了全家，于是就有了本文开头的那句女儿对爸爸的寄语，这正是沈浩好家风的体现。

（吕春阳　撰稿）

张秉贵：一张全家福

"全国劳动模范"张秉贵，是北京百货大楼一名普普通通的售货员。在孩子们的童年时光里，关于父亲张秉贵的记忆总是断断续续的。全家没有一同逛过公园，就连在一起拍一张全家福的时间也没有。孩子们很羡慕别人家墙上挂着的全家福，不止一次地央求父亲。但张秉贵总是说："以后总会有机会的。"

1987年是张秉贵生命的最后一年。躺在医院病床上的他，被病魔折磨得筋疲力尽、奄奄一息。儿子张朝庆俯身在父亲耳边轻轻地央求："爸爸，和我们照一张全家福吧！"这一次，张秉贵没有拒绝，他那毫无血色的双唇颤巍巍地动了一下，表示同意。妻子崔秀萍为张秉贵擦去脸上的汗珠，全家围坐在他身旁，终于拍了一张等了好久的全家福。

在近50年的职业生涯中，张秉贵总是那么忙，他以"一抓准"、"一口清"的高超售货艺术和为人民服务的"一团火"精神，赢得了千百万顾客的赞誉。卖了一辈子糖果的张秉贵把甜蜜送进千家万户，也把这份甜蜜深深地留在了自己家人的心中。

张秉贵与崔秀萍互敬互爱、相濡以沫。为了苦练售货基本功，张秉贵一心扑在工作上，长年住在单位的集体宿舍，一个星期甚至两个星期才回家一次。因为工作忙，张秉贵特意嘱咐妻子，没有急事不要向柜台打电话。崔秀萍谨记丈夫的嘱咐，即便是有一次他们的大儿子走丢了，她也没有打电话"惊动"丈夫，后来还是在亲戚朋友的帮助下找到孩子的。还有一年农历腊月二十八，崔秀萍即将临盆，正赶上家门口修路不通汽车。她宁愿咬着牙艰难地走到医院生下孩子，也不愿"打扰"忙于春节供应的丈夫。直到除夕夜，张秉贵送走最后一批顾客，深夜回家吃团圆饺子，才发现炕上多了一个胖小子。

崔秀萍非常支持丈夫的工作，她一辈子称呼张秉贵为"张师傅"，从未让他干过一天家务。她曾笑着说："张师傅在单位被称为'一团火'，在家却是'一摊泥'。每天累得不行，回到家里就一动也不想动了。"几十年间，崔秀萍包揽了大大小小的家务事，为此相声大师侯宝林还为她"打抱不平"，开玩笑地对她说："等老张退休了，让他多帮你干点活。"对于妻子的默默付出，张秉贵看在眼里，记在心上。他常常夸赞妻子说："我的贡献中有你的一半。"而在崔秀萍看来，能嫁给"脾气特别好"、"遇事常商量"、"从未红过脸"、"同样支持自己工作"的张秉贵，是她这辈子最甜蜜的事。

孩子们不理解，经常围着妈妈崔秀萍一遍遍地问："爸爸怎么这么忙？爸爸怎么老不回家？"妈妈笑着说："你爸爸在忙工作。你爸爸的柜台里有全国种类最多的糖果，那里总是排着很长的队。"为了看看父亲是不是真的这么忙，孩子们特意跑到百货大楼，果然里三层外三层，父亲忙得满头大汗。父亲的辛苦让孩子们看着心疼，但是张秉贵对孩子们说："不管多累，我都是为人民服务，要永远让顾客满意。你们也要持之以恒地把事情做好，得到社会的认可。"张秉贵文化水平不高，但他总能用最浅显的语言给孩子们讲述最深刻的道理，并用实际行动做给孩子们看。

张秉贵对子女的要求很严格。他特别注重孩子们学本领，他说:"你们生在新社会,长在红旗下,生活在蜜罐里,一定不要虚度光阴,要发奋学本领,为社会主义大厦添砖加瓦。"他还教育孩子们说,现在虽然没有戒尺打你们了,可是如果不自觉,不好好学本领,将来社会的戒尺总有一天会惩罚你们的。在张秉贵的言传身教下,四个孩子个个都曾从事过商业工作。大儿子在北京市百货大楼,女儿在红都服装公司,小儿子也在一家商业企业。尤其是二儿子张朝和,接了父亲的班,在三尺柜台的平凡岗位上继续卖糖果,用胸中的"一团火",温暖顾客的心。他像父亲一样,用自己平凡而努力的工作,获得了"北京市劳动模范"的光荣称号。在他们的生活中,父亲的影子无处不在,每时每刻都在激励他们认真工作,好好做人。

(王永魁 撰稿)

张富清：
"不能给组织添麻烦"

张富清，中国建设银行湖北省分行来凤支行离休干部，"全国优秀共产党员""共和国勋章"获得者。张富清在解放战争的枪林弹雨中九死一生，先后荣立一等功三次、二等功一次，被西北野战军记"特等功"，两次获得"战斗英雄"荣誉称号。退役转业后，他扎根偏远山区，默默奉献。60多年来，张富清刻意尘封功绩，连儿女也不知情。2018年底，在退役军人信息采集中，张富清的事迹被发现，这段英雄往事重现在人们面前。习近平总书记对张富清先进事迹作出重要指示，赞扬他深藏功名、一辈子坚守初心、不改本色，用自己的朴实纯粹、淡泊名利书写了精彩人生。

"不能给组织添麻烦。"这是张富清给全家立下的规矩。按照国家拥军优属政策，张富清的妻子孙玉兰被招录为供销社公职人员。国民经济调整时期，精简机构人员，时任来凤县三胡区副区长的张富清首先动员妻子离职。孙玉兰气不过："我又没犯啥错误，凭啥？"张富清劝解妻子："要完成精简任务，就得从自己头上开刀，自己不过硬，怎么做别人的工作？"孙玉兰"下岗"后，张富清每月几十元的工资要养活一家六口。为了贴补家用，孙玉兰当过保姆、喂过猪、捡过柴、做过帮工，含辛茹苦。孩子们放了学就去拣煤块、拾柴火、背石头、打辣椒，为家庭减轻负担。

张富清完全有条件为自己的家庭谋取便利，可是他没有。任卯洞公社革委会副主任时，他在老百姓眼中是个"大官"，但家里的伙食比一般社员还差。全家人住在卯洞公社一座年久失修的庙里，20多平方米的房子里挤了两个大人、四个小孩。除了几个木头做的盒子和几床棉被外，什么家当也没有。艰苦朴素的家风潜移默化地影响着孩子们。日子过得紧巴巴，孩子们却很懂事，经常在学校勤工俭学，有时母亲孙玉兰也来帮忙，把学校一只10多斤的猪养到180多斤。

张富清为了"大家"，常常顾不上"小家"。大女儿患了脑膜炎，未能及时救治留下后遗症。母亲去世时，张富清因主持一项重要工作而没有赶回去见最后一面。这两件事成了他一辈子最遗憾的事。多年后他在日记中袒露了自己的心声："干好工作就是对亲人们最好的报答。"张富清对待公和私的原则，在张家被严格地执行着。大女儿常年看病花钱，他从未向组织伸过手。小儿子张健全深有感触："多为公少为私，看重工作、看淡名利，好家风是父亲给我们子女最好的馈赠。"

"我没有本事为儿女找出路，我也不会给他们找工作。"张富清对儿女有言在先。大儿子张建国高中毕业，听说恩施城里有招工指标，很想去。张富清分管这项工作，不但对儿子封锁信息，还要求他响应国家号召，下放到公社林场。张富清说，"我是共产党员，是党的干部，如果我照顾亲属，群众对党怎么想？"张建国在扎合溪林场开荒种地、造林植树，一干就是好几年。清清白白做人、干干净净做事，张富清的言传身教深深地影响着孩子们的人生观、价值观。张富清的四个子女，患病的大女儿与老两口相依为命，其他三个子女通过高考和岗位公开招考闯出了自己的一片天地。

个人干净、不谋私利，张富清是这么要求自己、也是这么要求家人的。离休后，享受公费医疗待遇的他，定了一条规矩：任何人不能吃自己的药。有一次，张建国忘了带降压药，到了吃药时间，找他要几粒救急，却遭到拒绝。碰了壁，张建国索性买了些降压药放在老人家里，以备不时之需。张健全说："清楚了解父亲的事后，再回想他对我们从小的严格教导，我们对父亲有了更深的理解。"

（李葳　撰稿）

陈景润：
勤俭节约、艰苦奋斗的大数学家

陈景润自幼家境贫困，而且受父母勤俭节约的生活习惯的影响，一直保持着简朴的生活习惯。即使他成了全世界闻名的大数学家，这种习惯依然保持着。每当有人劝说他"要对自己好一点"的时候，他总是说："一粥一饭，一丝一缕，当思来之不易"。

1957年，陈景润刚刚到中科院数学所工作，当时还没有固定的宿舍，暂时住在旅社中。1958年，中科院家属宿舍落成了，陈景润和其他几名同事终于可以住进宽敞明亮的宿舍里。

但是陈景润却犯愁了。原来他每天都要演算数学问题到深夜，时间一长，有人难免会发出怨言。面对这种情况，他想出了一个办法——搬到隔壁的厕所去住。在陈景润的坚持下，数学系破例让他住进那个只有3平米的厕所。后来，陈景润为了离资料室方便，又搬到了一个只有6平方米的小屋。

陈景润并不在乎这小小的陋室条件有多差，生活有多不方便，只要有一个属于自己的天地，能够随时随地专心钻研数学，他可以什么都不计较。正是在这一方斗室之中，陈景润爆发出了耀眼的光芒，摘取了数学王国中那最璀璨的珍珠——哥德巴赫猜想。

成家之后的陈景润，依然保持着这个艰苦奋斗、安贫乐道的品格。他对吃穿享受这些都不是很在意，一日三餐总是馒头和面条，咸菜和豆腐，国家给他发的32斤粮票他总是剩下很多，有人劝他不要这么苦着自己，但是他总是笑着说："国家已经很困难了，我能节约一点是一点。"

他穿着也很简单，父亲给他的一件旧的棉大衣，他穿了20年，天暖和了就把棉絮拆了当单衣穿，天冷了再把棉絮填进去，一年四季，人们总是看见他穿这件外衣。一顶棉帽他也戴了几十年，帽子的颜色都已经从蓝色褪成了黑白色，但是他还是舍不得扔。1975年，陈景润已经是全国人大代表了，在准备去人民大会堂开会的前一晚，他才从箱子里翻出一件旧的中山服，这是他唯一的秋装，只有出席最重要的场合，他才舍得把这件衣服穿出来。

陈景润不仅自己勤俭节约，对家里人也严格要求。

陈景润曾经两次出国，他不像有的人那样，给家人、朋友买了很多东西，他什么东西都没买，而是把节约下来的外汇捐给国家。

20世纪80年代，他搬进单位给他分配的新房后，家里的陈设也很简单。当时像冰箱、彩电、洗衣机这些大件家电都需要凭票供应，单位给他发了几张购买票，可他一件都没买。在陈景润看来，这些家电、家具都没什么必要，用他的话说："要吃冰西瓜，用自来水泡一泡就行了"，"有12寸黑白电视机，比贫下中农强多了"。直到1983年他的爱人调回北京，他的家中才添置了一台国产洗衣机和一台小容积的电冰箱。

后来，陈景润因为身患多种疾病住进了医院。为了照料他的生活，家人想买一台微波炉。原本看中一台进口的微波炉，可是考虑到陈景润所一直坚守的品格，还是换成了一台国产的微波炉。

有人曾问过陈景润："你不觉得亏吗？"陈景润不假思索地回答："这有什么，任何时候勤俭都要比浪费好，特别是不能浪费国家的财产。"

正是陈景润身上这种勤俭节约和艰苦奋斗的品格，激励着他在通往科学的道路上勇敢攀登，即使面对再多的困境和挫折，他依然能够坚毅忍耐、安贫乐道，最终达成举世闻名的成就。这也是他留给家人最大的财富。

（吕春阳　撰稿）

钱学森：
"我姓钱，但我不爱钱"

钱学森是享誉海内外的杰出科学家，也是我国航天事业的奠基人，被誉为"人民科学家"、"火箭之王"。作为一个蜚声中外的大科学家，他原本可以名利双收，给自己和子女以优渥的生活，但是钱学森却始终保持着艰苦奋斗的本色，一生把金钱看得很淡，践行着自己"姓钱不爱钱"誓言。

钱学森在美国，36岁就成为了终身教授，作为一流科学家，他得到了优厚的经济待遇和生活条件，完全可以过上优渥的生活，而新中国各方面都十分贫穷落后，他明知道回国后的生活条件肯定与美国有很大差距，但他还是毅然决然地回到祖国，用自己的聪明才智去建设新中国。

回国后，钱学森家里的收入主要就是他与爱人蒋英的工资。那时的工资并不高，一级教授一个月300多元，而且几十年都没有涨过。这点收入不仅要负担两个孩子，还要赡养钱学森父亲以及蒋英的母亲和奶妈，生活水平相比钱学森在美国时期要差了一大截。但钱学森依然甘之若饴，他常说："我姓钱，但我不爱钱。"

除了工资之外，钱学森还有一些稿费收入，这原本可以改善家里的生活，但是钱学森从不把稿费拿到家里去用，都拿去帮助有需要的人。

1958年，钱学森的《工程控制论》一书中文版出版，出版社给他寄来了1000多元稿费，这在当时可是一大笔收入，足够家里用上很长时间。但是钱学森却没有拿回家去，而是来到了他当时任教的中国科技大学力学系办公室，跟办公室的工作人员说："这笔钱拿去给力学系的学生买计算尺吧。"

原来，钱学森在授课时发现，力学系班上农村学生较多，经济都很困难，许多人甚至都买不起一把学习必备的计算尺。连计算尺都没有，还怎么学习力学呢？钱学森一直想着如何解决贫困学生买学习用品的事情，正好这笔稿费到了，所以他直接拿去购买计算尺发放给班上的贫困学生，根本无暇想到拿回家中去用。直到今天，当年中科大力学系的一些学生还清楚的记得这把宝贵的"钱学森计算尺"。

钱学森一生当中几笔大的稿费收入都捐献出去了，除此之外，他还交纳了两次近乎"天文数字"的特别党费。

1963年，钱学森的《物理力学讲义》和《星际航行概论》出版了，出版社给他寄来了几千元稿费。这在当时普遍工资收入才几十元的中国，可算得上是一笔巨款，而且1963年正是处于困难时期，有了这几千元钱，可以让勒紧裤腰带过日子的钱家吃上很多顿饱饭了。可是钱学森面对这笔巨款并没有动心，他拿到了这笔稿费，连包都没有拆就让秘书作为特别党费上交给了党组织。

第二次发生在1978年，当时"文化大革命"刚刚结束，钱学森的父亲钱均夫老先生也落实了政策，补发了工资，共有3000多元。但是钱老先生已经去世了，这笔钱自然就该他的儿子钱学森继承，但是钱学森表示，父亲已经去世多年，这笔钱不能要，要求秘书退还回去。可是对方不接收。最后钱学森表示，"那只能作为党费交给组织"，所以这3000多元也交了党费。

钱学森不仅自己"不爱钱"，他也时常教育家里人要淡泊名利，不能计较个人得失，这种高尚的品格也深深感染了家人。

有一次，他的夫人蒋英听说经常为他们治病的一位医生家中失火，立即凑了5000元给对方拿了过去，对方十分感动，但是觉得不好意思，连声拒绝，蒋英却恳切对他说："房子烧了，家具烧了，可是你们一大家子人总要吃饭啊，拿这点钱去买点锅碗瓢盆，买点菜给孩子们吃吧。"

还有一次，蒋英工作的音乐学院来人办事，无意中说起学院班车司机边师傅36岁的儿子突发心脏病住院，需要10万元押金，蒋英听了，二话没说从家中找出5000元钱交给来人带回去，并且说："把这点钱交给边师傅应急，别说是我给的。"

就这样，在钱学森的带领下，钱家一直传承着"姓钱不爱钱"的好家风。

江南钱氏家族人才辈出，《钱氏家训》中有一句话代代相传："利在一身勿谋也，利在天下必谋之"。这句传颂至今的家训，在钱学森身上得到了最好的体现，在他心中，国为重，家为轻；科学最重，名利最轻。

（吕春阳　撰稿）

龚全珍：
"精神遗产比几间房子要珍贵得多"

2013年9月26日，中共中央总书记习近平在会见第四届全国道德模范及提名奖获得者时，亲切地称呼一位耄耋老人"老阿姨"。这位年逾90的"老阿姨"，就是开国将军甘祖昌的夫人、全国优秀共产党员——龚全珍。新中国成立后，她跟随甘祖昌回到江西莲花县老家，在乡村教师的平凡岗位上一干就是几十年。1986年甘祖昌将军病逝后，龚全珍继续发扬艰苦奋斗、无私奉献、帮助他人的优良家风，积极开展红色教育，倾力捐资助学，耄耋之年开办"龚全珍工作室"，为群众做了大量实事好事。

龚全珍对困难群众倾力帮助，但是对自己和家人的生活却总是力求简朴。她把省吃俭用下来的钱，绝大部分用来帮助他人，坚持每月拿出500元为社区购买书籍，每周到福利院抚恤孤老，经常资助贫困学生，买书送给学校。可在女儿甘公荣的回忆里，母亲却是一个"抠门"的人。读小学时，她看到同学穿着花衣服，心里特别羡慕，吵着要妈妈给她也做一件，可是一连好几年，花衣服都没穿到身上。甘公荣说："我母亲就是这样的人，钱用在自己身上总觉得是浪费，总想着怎么能帮到别人。"

龚全珍常常对家人说："作为一个平凡人，能帮助别人，做平凡的事，能用得上，我就高兴。"老人家一直想捐献遗体，但很长时间没实现，这成了她的心病。她曾说："我有很好的身体条件，我是O型血，是万能血型。如果有用的话，就可以救人！""我应该在有限的日子里奋争一下：应办好遗体捐赠！不然我死都不瞑目！"2015年3月17日，江西省红十字会工作人员到龚全珍二女儿甘仁荣家，带来了捐献志愿书和登记表。帮助填写登记表的甘仁荣问她："妈妈，您是捐献遗体、器官，还是组织？"老人没有丝毫犹豫，说："全捐！只要有用就全捐。"完成了心愿的老人家，非常开心。甘仁荣说："我们家不迷信，原来认识确实不足，后来自己看了些宣传，觉得母亲的做法很伟大，能用的上，就积极去帮助别人。尊重老人的选择，完成老人的心愿，这也是作为女儿最大的一份孝心。受母亲的影响，将来我也要捐献自己的有用器官。"

龚全珍经常鼓励孩子们，要按照"'老老实实、勤勤恳恳'八个字去做，精神遗产比几间房子要珍贵得多，继承下来，将是一个高尚的人，对人民有益的人"。她的儿女们也在平凡岗位上传承着优良家风。甘公荣也像母亲一样，习惯艰苦朴素的生活，乐于扶困助学，先后捐款5万多元资助贫困学生，在基层岗位上获得了"全国劳动模范"、全省"三八红旗手"等荣誉。她经常提醒自己的孩子：我们是甘祖昌和龚全珍的后代，不能给父辈抹黑，要在自己的工作岗位上老老实实做人，勤勤恳恳干事，力所能及地多帮助人。甘公荣退休后加入志愿者队伍，带动晚辈加入"龚全珍工作室"，成为志愿者。

龚全珍没有给儿女留房产和金钱，而是把好的家风留给了孩子们。她经常说："几十年了，我做了一点工作，但对一个真正的共产党员来说，这是微不足道的。如今我年纪大了，希望我的子女后代热爱党，永远跟党走。"

（屈亚 撰稿）

常香玉："戏比天大"

"戏比天大"，是豫剧大师常香玉一生恪守的职业准则和对艺术的执着追求，也是她留给孩子们受用一生的精神财富。

常香玉从艺70多年，从来没有误过场，没有"滚大梁"，也没有因为身体或其他个人原因换过角色。每逢晚上有演出，常香玉从下午开始就沉醉于角色之中，这时她不管家事，也很少说话。有时孩子们吵闹甚至说话声音大一些，丈夫陈宪章便立刻小声制止："不要吵，妈妈在备戏。"一直到70多岁，常香玉仍然每天系着板儿带、腹带，坚持吊嗓子半个小时。孩子们劝她："现在您也没啥演出了，不用那么累。"她却说："那不行，我要准备着，随时能参加演出。"

在母亲的影响下，常香玉的两个女儿都投身于梨园行。大女儿常小玉六七岁时，无意中见到母亲在台上的风姿后，便嚷着要学戏。常香玉严肃地告诉她："一旦入了这个门就没有回头路，要么就不唱，要么就好好唱。"有一天，天气很热，常小玉练功练得满头大汗，累得路都走不动，趁母亲不在便想着偷个懒，休息一下。但她还没坐下两分钟，母亲就突然出现了。常香玉一见女儿坐在地上休息，拿起鞭子就要打："别人在练，你为什么休息？

难道你跟别人不一样？还是说你比别人学得好？"常香玉不仅责骂了女儿，还加重了她的训练力度，作为对她偷懒的惩戒。

尽管后来常小玉能独自登台了，母亲在艺术上对她的要求依然非常严格。有一次，常小玉演出《大祭桩》这出戏。头三场演出，她小心翼翼没有出错。到了第四场，她不小心在舞台上唱错了一句。在爱戏如命的常香玉眼中，这是不能饶恕的。一回到家，常香玉抄起藤子棍便对女儿一顿责打。从那以后，常小玉演戏再也不敢马虎了。哪怕是功成名就后登台清唱一出不知唱了多少遍的《花木兰》，常小玉还是要在演出前做足功课。她说："挨了那顿打，母亲让我明白了对于演员而言，戏比天大。这让我一辈子都记住了。"

"要想把戏演好，就得吃苦。"这是常香玉常常对孩子们说的话。对待孩子，她似乎不像普通母亲那样温柔体贴，从小到大，她只教会他们一件事：吃苦。有苦多吃，没苦找苦吃，绝对不能因为是常香玉的孩子就搞特殊。常小玉和母亲在一个剧团工作，常香玉从未给她提供任何方便。每次外出演出，从来不让女儿和自己同乘一辆车。常小玉在剧团做主演后，剧团决定给她涨工资。常香玉听说后对团领导说："她还小，要多吃苦，才演了两三个戏就加工资不好，对她成长不利。"

"戏比天大"的背后，是常香玉传递给孩子们的她对国家、对人民深深的爱。她常常对孩子们讲自己从不登大雅之堂的艺人到受人尊重的人民艺术家的转变过程，时刻告诫孩子们要听党的话，不忘人民。常香玉一辈子"跟着老百姓的脚印唱"，从天山垦区到大庆油田，从朝鲜前线到边疆哨所，始终保持着每年到部队和地方慰问演出超过三个月的习惯，满腔热情地把艺术奉献给了人民群众。在小女儿常如玉的记忆里，母亲生前最开心的事就是为老百姓演戏。她学戏的时候，母亲对她常说的一句话就是："唱戏是叫老百姓喜欢的。感染不了观众，你不是只能干瞪眼？"常香玉还教育二女儿陈小香说："演戏要对老百姓负责，演出要对得起观众。"

　　常香玉一生简朴，但在国家有难、群众有苦的时候，她总是慷慨无私。她经常对孩子们说："不该花的钱一分也不能花，该花的钱上万也要花。国家的难，就是自己的难。"抗美援朝时，她拿出多年积蓄，卖掉剧团唯一的卡车和自己的房子，辛苦义演捐献了"香玉剧社号"战斗机。2003年"非典"肆虐的时候，常香玉的身体已经很差了，她从自己微薄的工资中拿出1万元钱捐献给国家。常香玉很少参加商业演出，也拒绝接拍商业广告。这1万元对于一个仅仅依靠工资收入的老人来说，确是一个不小的数目。

（王永魁　撰稿）

惠中权：
"不能搞任何特殊"

惠中权是延安时期的模范县委书记，曾被毛泽东同志称赞为"实事求是，不尚空谈"的典范，1954年以后一直担任林业部副部长。他虽然资格老、级别高，但对自己和家人一贯从严要求。惠中权经常对子女们说："你们只有好好完成组织上交给的任务的责任，而没有伸手向党要任何好处的权利。要时时依靠组织，不要靠我。更不能靠我的这个职务。不能搞任何特殊。"

惠中权生活简朴，严于律己。他不抽烟，不喝茶，一套褪色的黄制服一穿就是几十年。那时候，他和妻子两个人的工资要抚养8个孩子和1个老人，家里经济状况非常拮据。组织上考虑到他家的具体困难，给了300元补助，警卫员几次要到行政处去领，惠中权就是拦着不让去。上个世纪60年代初，积劳成疾的惠中权曾有一次去苏联疗养的机会。尽管他非常想去，但考虑再三还是放弃了。他对家人说："这一去不知要花多少外汇，现在正是国家困难时期，用这些外汇给国家买机器多好。你们说是买机器重要，还是我看病重要。"

战争年代，像其他革命同志一样，惠中权不得不将几个孩子或"送"或"寄养"在当地的农民家中。新中国成立后，才把孩子们陆续接到身边。惠中权常常提醒孩子们："没有你们奶妈家，也可以说没有你们。人家养育了你们十几年，将来一定不能忘记他们。"1956年寒假的一天，惠中权要到西安开会，他让女儿惠来彩利用这个机会，跟随他到西安，然后带上300元钱，自己坐长途汽车回陕北农村看望养父母。临行前，惠中权为女儿买了一张硬座票，并嘱咐她在火车上自己照顾好自己，不要去他的车厢找他。听完父亲的话，惠来彩心里很不高兴，但也只好一个人孤零零地坐了一晚上车。很久以后，她才知道父亲坐的是公家按级别买的软卧包厢，自己是硬座票，车厢不一样，父亲不让她过去"沾光"。

在惠中权家，"沾光"是大忌。惠来彩读初中时，学校在东城区北新桥附近，每次上学走路加上乘公共汽车要花40多分钟。有一次上学的路上，惠来彩看见了父亲的小车，但父亲不在车上。当得知小车要途经学校时，她高兴地要求司机带她同行。那天吃晚饭时，惠中权严厉地告诉惠来彩，明天自己乘公共汽车上学，再也不许坐他的车子。惠来彩委屈地辩解说："这不是顺路吗？"惠中权生气地说："你这样影响多不好！人家平民百姓的孩子不是都挤公共汽车上学吗？你为什么要搞特殊？"从那以后，惠来彩再也不敢坐父亲的小车了。

孩子不能坐他的车，同在一个单位上班的妻子也不能坐。惠中权的妻子每天上班至少要花一个小时挤公共汽车，即便如此，也从未搭过他的便车。对于妻子，惠中权的要求甚至到了"苛刻"的程度。上个世纪50年代初，国家干部从供给制改为工资制，每个人都要定级别。当时的科员一般都定为14到18级，定为18级是极少数。和惠中权妻子各方面条件差不多的同志，大部分都被定为了15至14级，少数甚至都定到了13级。但是在惠中权的"干预"下，他妻子的级别只定了18级，这是当时最低的干部级别。后来，林业部要提拔一批副科级干部，名单中一开始就有惠中权妻子的名字。但是上报到部党委后，惠中权在审批时，亲笔划掉了妻子的名字，而其他的几十名干部都获得了批准。1965年，国家曾一度动员干部提前退休，惠中权回家就做妻子的思想工作，并对她说："你带头退休，我就好作别的女同志的工作。"在他的再三劝说下，妻子只好答应："为响应组织号召，那就牺牲我吧。"后来，人事部门按相关规定没有批准惠中权妻子的退休申请。

惠中权妻子曾半开玩笑半感慨地对孩子们说："有的领导争着给老婆提级加薪。你爸爸却次次干预我的事。不过这样也好，免得别人说你爸爸的闲话。"

（王永魁　撰稿）

焦裕禄：
"不应该带头搞特殊化"

焦裕禄是"党的好干部"，是"人民的好公仆"。1962年，在极为困难的情况下，他来到河南省兰考县担任县委书记，带领当地干部群众治理内涝、风沙、盐碱三害，终于改变了兰考面貌。这样一位"特殊"的人物，却不允许家人搞一点点"特殊"。

焦裕禄是国家干部，始终保持着劳动人民的本色。他常常开襟解怀，挽起裤腿，和群众一起劳动。一双袜子补了又补，妻子徐俊雅要给他买双新的，他说："跟贫下中农比一比，咱穿的就不错了。"夏天，他连一床凉席都舍不得买，只买四毛钱一条的蒲席铺着睡。即便如此节省，他的生活依旧并不宽裕。焦裕禄是欠着137元外债来到兰考的。一开始，组织上考虑到他家人口多，给列进了福利救济名单。他表示自己家不在灾区，一分钱也不能要，组织上分的3斤棉花票，焦裕禄也以生活上还过得去、不能搞特殊化为由，要求妻子退回。

因为患肝病加之工作繁忙，他经常面色蜡黄，疲惫不堪。妻子心疼他，有一次给他做了一碗浓稠的大米稀饭，并加了一些红糖。在那个年代，这可是难得的"稀罕物"，孩子们的眼睛都直勾勾地看着。焦裕禄把他们叫到跟前，一人喂了一大口。他自己刚要吃上嘴，好像突然想起来什么事，便问："这大米和红糖是哪来的？"妻子只好实话实说："是县委考虑你的身体不好，特地照顾，让我找商业局批条子买的。"焦裕禄非常严肃地对妻子说："我们是从旧社会走过来的，什么苦没吃过？要说照顾，我们不是最需要照顾的。以后咱们不能吃了，把剩下的大米送给县里新分配来的两个南方大学生。"

不搞特殊化是焦裕禄家风的底线，只要触及了这个底线，再小的事，他也不放过。一次，他看到妻子到县委食堂提了一壶开水，立刻把妻子严肃批评了一顿，他说："这个开水，你提了用，你可是方便了，但你是县委书记的老婆，不能带头破坏了办公的秩序。"儿子焦国庆没钱买票看戏，急得在戏园子门口转来转去。检票员知道他是县委书记的儿子后，放他进去白看了一场戏。焦裕禄知道后大为生气，狠狠训了他一顿，说："你不买票看戏，如果大家都像你这样，岂不乱了套？"他还把一家人都叫到跟前，告诉他们要引以为戒。第二天，焦裕禄命令儿子把票钱如数送给戏院。接着，他又建议县委起草了一个通知，不准任何干部特殊化，不准任何干部和他们的子弟"看白戏"。

大女儿焦守凤初中毕业后，本可以到县委办公室去当打字员，但焦裕禄却以县里定下干部子女不能去好单位的规矩为由，坚决不同意。他说："我的女儿刚出校门就进机关，别人的孩子也行吗？"他建议女儿到县酱菜厂工作，女儿不同意，甚至哭过闹过。但焦裕禄只认一个死理："别人能干，你为什么不能干？"他不想让女儿年纪轻轻沾染上厌恶劳动的不良思想。就这样，在他的要求下，女儿"屈服"了。他亲自送女儿报到，不是为了让厂领导照顾女儿，而是为了叮嘱厂领导："不能因为是县委书记的女儿，就给她安排轻便活，要和其他进厂的工人一样对待。"焦守凤上班后，常常一天要切一千多斤萝卜。要是遇上切辣椒的苦差事，双手就会火辣辣地疼。晚上疼得难以入睡，她只能把手放在冷水中才稍有缓解。焦守凤向父亲诉苦,焦裕禄教育她说:"县委书记的女儿,更应该热爱劳动,带头吃苦,不应该带头搞特殊化啊!"

焦裕禄临终时,不忘嘱托妻子:"我死后,你会很难,但日子再苦再难也不要伸手向组织上要补助、要照顾,不要搞特殊化。"徐俊雅始终坚守着丈夫的遗训,将6个孩子抚养长大,鼓励他们自食其力,在普通的工作岗位上踏实工作。她常常对孩子们念叨:"焦裕禄的家人,这个名号,我们全家要当得起,你们每一个人都要当得起。"

(单劲松　撰稿)

廖俊波：
清清白白做人，就可以安安稳稳睡觉

2017年4月15日，《人民日报》头版头条，刊登了中共中央总书记习近平对廖俊波先进事迹作出的重要指示。指示强调，廖俊波同志任职期间，牢记党的嘱托，尽心尽责，带领当地干部群众扑下身子、苦干实干，以实际行动体现了对党忠诚、心系群众、忘我工作、无私奉献的优秀品质，无愧于"全国优秀县委书记"的称号。

县委书记在干部序列中说起来级别不高，但地位特殊，手中掌握着很大的权力，往往会成为"围猎"的对象。各种诱惑、算计，各种讨好、捧杀，都会冲着这个位置上的人来。

廖俊波对此有着清醒的认识。他多次对妻子林莉说："咱清清白白做人，就可以安安稳稳睡觉。"从邵武市调到南平市工作的第二天，廖俊波就在一个普通的居民小区里买了一套二手房。为什么这么着急买房子？廖俊波对林莉说："我是市政府副秘书长，负责协调、联系城建工作，少不了要跟开发商打交道。这工作有风险，会有开发商来'围猎'。咱有房，就可以一句话打发他们，也不会招人议论。所以早早把房子买下，以后工作上就可以省去不少麻烦。"家里的积蓄不够，他就和妻子商量买套二手旧房。可是就连一套二手房房款也凑不齐，只能找家人凑钱帮忙。从拿口、邵武、政和再到南平，廖俊波一直分管或主管工业园区，从未介绍一个熟人或亲戚承包项目。他说："谁要打着我的旗号拉关系、搞工程，你们马上拒绝，我没有这样的亲戚朋友。"

廖俊波的父母非常理解儿子，经常宽慰他：组织信任你，你把工作做好了，不辜负组织，就是对父母尽孝。老人为了不给儿子添麻烦，不顾水土不服、气候不适，选择住在北京的女儿家。

多年来，廖俊波一家人聚少离多。他说，等退休了，就好好陪陪妻子女儿，一起去看看外面的世界。对于女儿，廖俊波怀有美好的期许。女儿快出生时，廖俊波同林莉商量："不管男孩还是女孩，都叫'质琪'好不好？品质似君子，温润如美玉。"女儿小的时候，廖俊波给她讲范仲淹为政清廉、体恤民情、力主改革的故事，讲"先天下之忧而忧，后天下之乐而乐"的古训。耳濡目染之下，女儿小小年纪也会提出一些颇为"刁钻"的问题。廖俊波担任拿口镇长时，女儿曾经问他："老爸，你是镇上最大的人吗？"廖俊波回答说："不，老爸是全镇最小的人，因为老爸是为全镇人服务的。"他经常嘱咐女儿："人生不可能永远是坦途，需要顽强的毅力，琪儿，你要记住——顽强的毅力可以征服世界上任何一座高峰。"廖俊波润物细无声的言行教育，对女儿产生了潜移默化的影响。廖质琪说："他很忙，但是偶尔空闲下来，他会用微信和我视频聊天，问问我最近的情况，经常会提起微信群里我们发过的内容。"2017年3月4日，廖质琪到上海做毕业设计。廖俊波利用会议间隙，和她微信聊天，问她感冒好了没有，毕业设计进展如何，嘱咐女儿不要太满足现状。没成想，这竟成了父女俩的最后一次通话。

"樵夫"，是廖俊波的微信昵称。2017年度感动中国人物的颁奖词，这样评价他："人民的樵夫，不忘初心。上山寻路，扎实工作，廉洁奉公。牢记党的话，温暖群众的心。春茶记住你的目光，青山留下你的足迹。谁把人民扛在肩上，人民就把谁装进心里。"

（屈亚　撰稿）